航天装备试验概论

白洪波　孟　礼　韦国军　陈小卫　编著

国防工业出版社

·北京·

内 容 简 介

本书主要界定了航天装备及其试验的基本概念、主要特点和构成要素,系统论述了航天装备试验组织实施过程和工作内容,重点阐述了试验指挥、测试测量、试验保障等主要试验系统,探讨了航天装备试验设计和评估的基本内容、程序与方法,分析了航天装备地面试验、飞行试验、仿真试验等典型试验活动,介绍了美军航天装备试验发展历程、一体化试验工作过程和主要经验做法。

本书适用于航天装备工程专业的本科生和首次任职教育学员学习,也可作为航天装备工程技术相关专业人员的参考资料。

图书在版编目(CIP)数据

航天装备试验概论/白洪波等编著.—北京:国
防工业出版社,2023.10
ISBN 978-7-118-12995-3

Ⅰ.①航… Ⅱ.①白… Ⅲ.①航天器—试验—概论
Ⅳ.①V47-33

中国国家版本馆 CIP 数据核字(2023)第 160170 号

※

*国防工业出版社*出版发行
(北京市海淀区紫竹院南路 23 号 邮政编码 100048)
北京凌奇印刷有限责任公司印刷
新华书店经售

*

开本 710×1000 1/16 印张 12 字数 220 千字
2023 年 10 月第 1 版第 1 次印刷 印数 1—2000 册 定价 76.00 元

(本书如有印装错误,我社负责调换)

国防书店:(010)88540777 书店传真:(010)88540776
发行业务:(010)88540717 发行传真:(010)88540762

前　言

　　"探索浩瀚宇宙,发展航天事业,建设航天强国,是我们不懈追求的航天梦。"进入新时代,为了尽快适应国家安全新需求,军事装备不断创新发展,世界各国也正在加快航天装备建设步伐。由于航天装备建设的特殊性和重要性,其试验工作具有不可替代的重要作用,世界各国都高度重视航天装备试验工作和相关人才教育培养。

　　《航天装备试验概论》是在航天工程大学"双重"建设项目资助下,在总结继承国内外航天装备试验实践经验的基础上,结合改革新要求、新趋势,以航天装备试验活动为研究对象而编写的一部教材,具有较好的基础性、知识性和系统性。本书旨在深入分析航天装备试验活动的特点规律,探索构建航天装备试验知识体系,为促进航天装备试验工作实践和专业教学提供重要支撑。

　　本书共11章,主要界定了航天装备及其试验的基本概念,归纳概述了航天装备试验的主要特点、地位作用和构成要素,系统论述了航天装备试验组织实施过程、工作内容和基本要求,重点阐述了试验指挥、测试测量、试验保障等主要系统,分析探讨了航天装备试验设计和评估的基本内容、程序与方法,剖析了航天装备地面试验、飞行试验、仿真试验等典型试验活动,介绍了美军航天装备试验发展历程、一体化试验工作过程和主要经验做法。

　　本书编写人员以战略支援部队航天工程大学骨干教师为主,包括白洪波、孟礼、韦国军、陈小卫、边晓敬、廖学军、陈瑜等,他们长期从事装备试验鉴定领域专业技术和教学研究,多次参加重点试验鉴定任务,具有扎实的试验鉴定理论基础和丰富的教学实践经验。

　　由于编写人员的水平有限和时间仓促,书中不足之处在所难免,敬请读者不吝赐教。

编著者

2023 年 2 月于北京

目　　录

第1章 绪 论

随着航天科技的蓬勃发展,太空已成为世界各国人们活动拓展的新空间,人类社会的发展也越来越依赖航天装备及其系统的应用。航天装备作为国之重器,其规模大小和质量优劣关系到能否夺取现代信息化战争的综合控制权和优势。航天装备试验是有效管理航天装备全寿命风险,保证航天装备高质量建设的重要手段。本章主要论述航天装备及其试验的相关概念,阐述航天装备试验的分类,剖析航天装备试验的地位作用,分析航天装备试验的主要特点。

1.1 航 天 装 备

认识和研究航天装备试验活动,首先要科学界定"航天装备"这一概念,才能准确认清航天装备试验的科学内涵,理解其内在的客观规律和相互关系。

1.1.1 基本概念

我国通常定义为:装备是武器装备的简称,主要是指用于作战和保障作战及其他军事行动的武器、武器系统、电子信息系统和技术设备、器材等的统称。装备也是军事装备的简称,它是战争和军队建设的重要物质基础,以及决定战争胜负的重要因素。军事装备的不断发展,对军事及相关领域的影响日益广泛和深入,已成为衡量国防现代化和军队现代化水平的最重要标志之一。

基于航天活动的特点和实际,本书定义为:航天装备是指专门用于实施和保障航天活动的系统、设备及相关器材的统称。其主要包括各类航天器及其运行控制系统、应用系统、太空对抗系统,以及相关保障系统等。它已成为现代军事装备体系的重要组成部分,在现代信息化战争中具有不可低估的重要作用,可提供战场侦察、监视、预警、通信、导航、定位和环境监测等手段,为态势感知、指挥控制、精确打击提供天基信息支援,也可通过欺骗、干扰敌方目标的手段,在军事斗争中夺取一定优势。

1.1.2 类型划分

按照任务用途和功能,航天装备可分为太空信息支援装备、太空态势感知装

1

备、太空对抗装备、航天发射与回收装备、航天测量与控制装备、支持保障装备六大类,如图 1-1 所示。

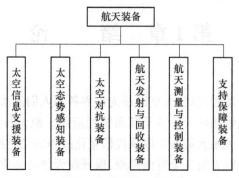

图 1-1　航天装备的基本组成

太空信息支援装备用于获取全球各类目标信息和地球地理空间、物理场、大气海洋空间等环境信息,提供信息传输服务、统一的时空基准、高精度导航制导服务和信息应用服务。其主要包括各类遥感卫星系统、通信卫星系统、气象卫星系统、导航卫星系统、地面应用系统等。

太空态势感知装备用于掌握太空目标、事件、环境以及对国外太空能力、太空活动的状态和趋势。其主要包括太空目标监视系统、太空环境监测系统、导弹预警探测系统、态势信息融合处理系统等。

太空对抗装备用于保障太空系统安全防护和对抗相关干扰、破坏活动。其主要包括地基对抗系统、天基对抗系统、安全防护系统等。

航天发射与回收装备用于执行运载器、航天器发射与回收等任务。其主要包括运载器、天地往返运载器、测试发射系统、搜救回收系统等。

航天测量与控制装备用于对运载器、航天器等飞行器进行跟踪测量、遥测遥控以及数据接收处理任务。其主要包括航天光学测量系统、雷达测量系统、航天遥测遥控系统、航天器运行管控系统等。

支持保障装备用于支持各类航天任务、必要的辅助保障活动。其主要包括任务指控系统、专用模拟训练系统、船舶系统、试验鉴定系统、机要保密系统、机电设备系统、仪器仪表及科研实验系统等。

1.1.3　主要特点

太空已成为国际战略竞争制高点,航天装备是抢占制高点的重要物质基础。航天装备是高技术武器装备,除具有一般武器装备的共性特点外,还具有自身鲜明的特点。

2

1. 战略意义重大

进入信息时代，人类航天活动日趋频繁，太空成为了国家安全的高边疆。太空安全在国家发展利益中具有很强的战略意义。美国《国家安全战略》认为"为确保共有空间(如太空)的可用性，需要采取集体行动，以应对这些空间中某些能威胁到我们的危险行为。"航天装备是维护太空安全的重要物质支撑。其中，军用航天器具有高远的位置优势，覆盖范围广，实施军事侦察、通信、导航等战略性活动不受国家疆域、领海、领空的限制，能够长期在轨工作，组网运行可形成全球性信息支援能力，对夺取信息优势起着战略支撑作用；太空武器具有不可替代的战略威慑作用。因此，航天装备对确保国家安全具有重大的战略作用。

2. 时空分布广泛

一方面，太空特有的高远位置资源，使航天器具有全球覆盖、广阔视野和无国界的独特优势。另一方面，通过设计航天器运行轨道和多航天器组网，航天装备能够快速甚至不间断地进行全球覆盖服务。因此，航天装备通常具有时间和空间上的广域特性。

3. 系统体系性强

单个航天系统一般包括在轨航天器、运行控制系统和应用系统等部分，各部分通过信息交换和相互协作完成特定任务。而现代战争是体系与体系的对抗，重大航天任务需要广泛分布在不同物理空间、相互有机联系的多种类型航天装备构成的航天系统来完成。因此，必须构建完整的天地一体的信息体系，实现多维融合、信息感知、信息共享。

4. 研发风险高

航天装备的研制、运输(发射入轨)、试验费用十分昂贵。大部分航天装备采用边研、边试、边用的研发策略，航天器一旦入轨，很难短时间内纠正发现包括其运用需求、性能指标和质量等在内的"缺陷"问题。

5. 安全防护难度大

太空环境所特有的高真空、强辐射、空间碎片等因素对航天装备的正常工作带来了极大的威胁。航天器一般围绕固定轨道运行，易于被敌方探测和跟踪，且航天器进行轨道机动耗时较长，敌方可以准确地掌握其活动规律，因而隐蔽性较差。大多数航天器抵御外部攻击的能力较弱，一旦遭受攻击极易受损且难于在轨维修。

1.2 航天装备试验

开展航天装备试验研究，需要从航天装备试验的概念界定出发，深入理解航天装备试验的地位作用，剖析航天装备试验的构成要素，为健全完善航天装备试验理论、指导航天装备试验实践活动奠定逻辑基础。

1.2.1 基本概念

美国国防采办大学(defense acquisition university，DAU)出版的《国防采办缩略词与用语》将"试验"定义为：一种经过设计的过程，用于获取、确认和提供用于进行以下几方面评价的数据。

(1) 达到采办项目研制目标的进展。

(2) 系统、子系统、部件等的性能、使用能力(operational capabilities)、适用性(suitability)。

(3) 系统、子系统、部件等的易损性(vulnerability)和杀伤力(lethality)。

我国相关文件明确："装备试验是为满足装备科研、生产和使用需要，按照规定的程序和条件，对装备进行验证、检验和考核的活动。""装备试验鉴定是指通过规范化的组织形式和试验活动，对装备的性能和效能进行全面考核并独立做出评价结论的综合性活动。"它贯穿装备发展全寿命过程，是装备建设决策的重要支撑，也是发现装备问题缺陷、改进提升装备性能、确保装备适用性和有效性的重要手段。

在军事装备领域，还涉及"鉴定"的概念，通常认为：鉴定是指对装备的性能、质量状况、使用能力进行综合分析，依据规定的要求或标准进行评定，给出评价结论，以支持决策的过程。

装备试验是获取有价值数据资料的过程。鉴定是对试验所获得的数据进行比较分析和判断，得出结论的过程。试验与鉴定是密切相关、不可分离的两个步骤或过程，试验是鉴定的前提和基础，鉴定是试验的延续和深化。两者都是为了同一目的，即确保研制和生产出符合使用要求的装备。没有试验获得足够有价值的数据资料，就不可能进行分析和鉴定，如果没有鉴定，则试验本身也就失去其意义。正是由于这个原因，人们常常习惯于把"试验"与"鉴定"组合在一起使用。在本书中，航天装备试验可以理解为"试验与鉴定"的过程。

综上所述，本书认为航天装备试验是对航天装备的性能、效能等进行规范化考核，获取其有关数据，并做出评价结论的一系列活动。正确认识这一概念内容，可从以下几个方面加以理解。

(1) 航天装备试验对象是人工客体，它是人工设计制造出来的航天装备模型、样机、系统及相关组件部件。

(2) 航天装备试验的本质是一系列获取被试对象有关信息的活动或过程，如测量、观察、设计、控制、发射、模拟、评估、鉴定等活动。

(3) 航天装备试验要有必要的条件和方法手段，如试验场所、测量设备、观测仪器等，才能获取真实有效的试验数据信息。

(4) 航天装备试验具有较强的目的性，其目的通常是验证航天装备设计方案，考核或鉴定航天装备的各种性能(或使用效能)。

1.2.2　地位作用

随着人类航天科技的不断发展进步,世界各国一直都十分重视试验在航天装备建设发展中发挥的重大作用,通过政策法规等手段明确赋予航天装备试验工作非常重要的地位。具体来说,航天装备试验的主要作用体现在以下几方面。

1. 验证航天装备设计思想和生产工艺的有效方法

在航天装备研制过程中,试验是及早发现其研制存在问题、改进设计方案和生产工艺的有效手段,其作用主要体现在辅助分析研制方案的可行性、验证关键技术的有效性、发现航天装备缺陷和质量问题等方面。

试验在装备研制中的作用具有普遍意义,任何装备的工程研制甚至方案设计都离不开试验的支持,特别是具有高新技术密集特征的航天装备。具体航天装备型号从部件筛选、子系统研制再到全系统集成的整个过程中,各种工程性的试验活动围绕设计、研制和生产需要密集地展开。试验手段也随之变得更加丰富,除了必要的外场试验外,还要开展全数字仿真、系统集成试验、半实物仿真、实物仿真等大量的实验室试验。试验对象不但要对硬件进行试验,而且还要进行软件的测试。通过大量的试验活动,找出装备工程设计、规范标准和生产工艺等方面的不足,分析造成不足的原因,为改进装备研制缺陷和提高生产质量提供支持。航天装备试验不充分将导致有缺陷的装备投入实际使用,这会造成航天任务的失败,直接带来巨大损失。

2. 支持航天装备全寿命阶段决策和风险管理的科学工具

航天器、运载器等航天装备的研制和采购是一项高风险的系统工程。航天装备多采用高新技术和先进材料,技术状态复杂,研制风险高,一旦失败或达不到规定要求,往往会造成巨大经济损失或重大政治影响。为了保持航天装备建设项目的最低风险,需要建立一整套减少风险的管理办法,试验作为航天装备全寿命风险管理的重要手段,起到风险评价的信息反馈作用。通过科学设计试验鉴定方案和周密实施试验,可及早发现问题、严格把住状态、有效控制风险,同时还可通过早期介入和全程管控,进一步优化研制方案、早期检验和考核装备使用效能,为用户尽早介入和熟悉装备创造条件。

美国国防部颁布的DoDI5000系列指令中,强调了试验鉴定在整个采办过程中的重要性,提出了有关试验鉴定的具体要求。如DoDI5000.2《国防采办系统运行》中,明确要求试验与鉴定要在采办项目的全寿命周期内为决策者提供准确、及时和最基本的信息,特别是在开展技术开发、开始工程研制、承诺生产和全速率生产决策等重要的里程碑决策点都需要试验与鉴定信息的支持,回答决策者在不同采办阶段关注的关键性能参数和关键应用问题,决策项目是否可以转入下一阶段,以降低采办风险和采办费用。同样,俄罗斯在其颁布的法规和工业标准中也明确:生产决策时要对研制阶段的正样机组织国家试验,批量产品也要由国家组织验收试验,国家试验由国家检验委员会主持,凡被认为试验不充分或系统总体不合格的产品,该委员会有权要求研制方修正问题并进一步安排试验。

试验作为航天装备管理部门进行风险管理与决策的有效工具,能够帮助其掌握航天装备的质量状况、技术性能、使用要求、研制进度、成本、效益等情况,从而对全寿命阶段中的各种风险进行综合控制。因此,航天装备研制和采购过程中所需的决策依据及各类风险评价,实际上都是依靠试验活动来展开的。

3. 作为航天装备交付用户及其使用管理的质量把关手段

试验是航天装备交付用户前进行质量鉴定的重要考核手段。特别是鉴定性或验收性的试验,由权威试验机构对航天装备进行系统全面的严格考核,检验其技术性能、使用特性和质量特性,以确定是否满足用户规定的要求。各国都明确要求航天装备只有通过试验考核合格后,方可正式交付用户使用。

另外,在航天装备交付用户使用寿命期内,试验还可检验其是否可用和有效,从而确定航天装备使用的质量状态,以便装备管理机构做出准确决策。航天装备在其使用运行期间,常常会发生诸多问题,甚至是重大故障或损坏。在组织重大故障排除和维修过程中,需要反复开展许多相关试验活动,检验经修复后的装备是否达到规定的性能要求。

1.2.3 构成要素

从系统观点看,航天装备试验作为一个系统,它既是一项复杂的系统工程过程,是由一系列相关试验要素构成的实践活动。航天装备试验要素是指构成航天装备试验活动并维持其运行的必不可少的基本元素,它是组织实施航天装备试验活动的必要支撑条件。航天装备试验的构成要素从逻辑内涵和基本形态等方面演变为更加复杂和丰富的形式。通过研究分析,航天装备试验要素主要包括试验目的、试验主体、试验对象、试验环境、试验设施设备、试验方法、试验项目活动、试验数据8个基本要素,如图1-2所示。

1. 试验目的

航天装备试验是一种具有较强特殊目的性的工程实践活动。一方面,其目的主要是验证航天装备的设计思想和制造工艺,考核航天装备的性能和质量状况,确保研制或生产出符合任务要求的装备实体;另一方面,其目的是为航天装备全寿命管理决策提供科学依据,如从预研阶段转到工程研制阶段的决策和批量生产决策等,以降低技术风险和采购费用,缩短研制周期。例如,典型运载器飞行试验的具体目的包括:验证运载器总体方案、各分系统方案及关键技术的正确性和协调性;验证运载器发射程序的正确性;验证运载器与有效载荷、发射系统和测控系统的协

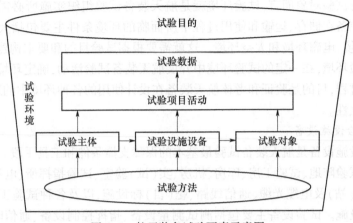

图1-2 航天装备试验要素示意图

调性;验证运载器的性能参数满足设计要求;验证运载器对飞行环境的适应能力;验证运载器与有效载荷接口的环境条件。

2. 试验主体

试验主体是具体承担航天装备试验活动的组织实施者。按照试验主体在航天装备试验全过程中所承担的职能和任务,可分为试验管理机构和试验实施单位两类试验主体。在航天装备试验实际工作中,试验主体一般都是以一定的人员组织结构形态存在的。试验管理机构主要指各级航天装备管理部门,其主要履行试验规划计划、试验资源调配等管理职能。试验实施单位主要指各类航天装备的科研院所、承制单位、参试单位、用户单位等,其主要承担了各类试验方案论证、试验组织实施、试验数据分析与评估、试验条件建设等任务。

3. 试验对象

试验对象是航天装备试验的客体,它是航天装备试验过程的作用对象,也是开展航天装备试验任务的考核对象。航天装备试验对象的类型比较广泛,既包括实物形态的实体对象,也包括计算机建立的仿真软件模型。从试验对象的复杂程度看,包括单体、单机或部件、概念样机、正样机、系统体系级对象等。在航天装备全寿命周期的不同阶段,所关注的试验对象各不相同。如在工程研制阶段初期,重点关注的对象是系统方案、关键技术、重要的单机和部件等;在样机阶段,重点关注的对象是以样机形式出现的实物;在样机技术状态基本稳定后,重点关注的对象是由功能单元组成的系统级航天装备。

4. 试验环境

构建与装备试验需求相符合的试验环境是任何装备试验必须满足的前提条件,即在满足试验需求的环境下进行试验,是获得可信试验结果的前提。特别是针对航天装备试验对象而言,试验环境就是航天装备试验组织实施所必需的条件要素。航天装备在储存、运输和使用过程中所面临的环境条件主要包括大气自然环境、力学环境、电磁环境和太空环境。这就需要根据试验目的和要求构建特定的航天装备试验环境,在一定的试验环境中开展航天装备试验活动,确定环境对航天装备影响的过程,目的是验证和考核航天装备在设计使用的各种环境中的适应性、可靠性和安全性。

5. 试验设施设备

试验设施设备是航天装备试验最基本的保障支撑条件和工具手段。试验设施主要包括试验阵地、试验工房、库房、机房、实(试)验室、试验指挥所、电站、输电线路、通信台(站)及电缆光缆、通信线路、靶(目)标设施,以及各种试验工程建筑物等必备的设施。试验设备主要包括测试测量设备、指挥控制设备、通信时统设备、数据处理设备、靶(目)标设备、仿真试验设备、其他试验保障设备等大型试验设备和专用试验舰船、专用试验飞机、综合测控船、测控飞机等大型装备。这些试验设施设备都是航天装备试验体系必不可少的重要物质组成部分。

6. 试验方法

试验方法是贯穿于航天装备研制始终、不可缺少的实践活动,它能为新型航天装备的产生提供必要的实践基础。与科学研究领域的实验方法相对应,试验方法属于工程技术领域。航天装备试验方法是根据航天装备研制的目的,通过一定的手段和程序,有计划、有步骤地人为改变、控制和模拟航天装备运行的事件、过程、环境条件等,来考察其特性及变化规律的一种科学的工程技术方法。从航天装备试验实践角度看,航天装备试验方法按照试验技术状态分为实物试验法和仿真试验法;按照试验过程分为试验设计方法、试验组织管理方法、试验测试测量方法、试验数据处理方法、试验评估方法等;按照试验条件分为实验室试验方法、飞行(在轨)试验方法等。

7. 试验项目活动

任何科学试验都是由一系列具体活动过程组成的,同样,航天装备试验也包含着许多具体过程活动。例如,开展航天器环境试验需要进行力学环境试验、太空环境试验、气候环境试验、综合环境试验等具体项目活动,每次试验还要进行试验条件准备、被试航天装备运行与操作、试验测试测量、数据采集与处理、结果分析与评定等具体活动。实际上,航天装备试验项目活动体现了具体试验内容对实现试验目标的支撑作用。

8. 试验数据

航天装备试验的本质是充分利用各类试验资源,获取充足有效的航天装备试验数据,从而得出评价结论的综合性过程。航天装备试验数据是在试验过程中产生、赋予一定明示或隐含意义、具有特定形式的数据及相关资料集合,通常包括:

①通过试验测试测量获得的各种数据资料,描述和反映被试航天装备性能、质量特性、使用效能的数据资料;②装备试验筹划和设计、组织指挥活动形成的各种数据资料,描述和反映装备试验筹划、设计、组织指挥活动的成果信息。这些数据既是检验考核与评价航天装备性能和质量状况的重要依据,又是顺利完成航天装备试验任务的必要支撑条件。

1.3　航天装备试验分类

为了加深对航天装备试验活动的理解,需要认清航天装备试验类型的划分。从不同的视角分析,航天装备试验有着不同的分类方法。

1.3.1　按管理性质分类

从航天装备全寿命管理和试验性质上看,航天装备试验可以分为第一阶段试验、第二阶段试验和第三阶段试验。

第一阶段试验也称为性能试验,它是在规定的环境和条件下,为验证航天装备设计方案,检验航天装备主要技术指标及其性能边界,确定其技术状态等开展的试验活动。要求加强复杂电磁环境、复杂地理环境、复杂气象环境、近似实际环境等条件下的检验考核,充分检验装备性能指标及其边界条件。第一阶段试验的结论是装备状态鉴定的基本依据。

第二阶段试验是指依据航天装备应用任务需求,在近似实际使用条件下,主要依托装备试验单位、用户单位等联合实施,重点考核航天装备的使用效能、适用性、任务满足度,以及生产工艺和质量稳定性等进行的试验活动。要构建逼真的使用环境,确保被试航天装备能在近似实际使用条件下进行充分的试验考核,全面摸清航天装备的使用效能、适用性等底数。第二阶段试验的结论是装备交付用户使用的基本依据。

第三阶段试验是在航天装备交付用户后的使用期间,为检验其满足用户使用与保障要求的程度所进行的持续性试验活动。第三阶段试验主要依托用户单位结合日常工作任务组织实施,重点跟踪掌握航天装备运行使用、保障、维修情况,验证航天装备的使用效能,发现问题缺陷,考核航天装备的适配性和经济性,以及部分在研制阶段难以考核的指标等,持续检验航天装备的实际使用效能、适用性。要求通过持续的系统考核,解决航天装备"好用"问题,不断提高航天装备的使用效益。

1.3.2　按对象规模分类

航天装备试验可以分为元器件试验、组件部件试验、分系统试验、样机系统试验、装备全系统试验等。这些试验主要检验和考核相应对象级别的性能是否满足规定要求。

1.3.3 按组织主体分类

按照试验组织实施单位的不同,航天装备试验可分为承制单位试验和用户单位试验。承制单位试验是航天装备科研过程中必不可少的试验活动,由承制单位负责组织实施,主要是验证航天装备从部件到样机的主要性能和质量稳定性是否符合研制任务书的设计、生产要求。用户单位试验是由航天装备的用户单位负责组织实施,通常是对航天装备的性能(效能)和适用性进行全面系统的考核,主要以鉴定、定型为目的。

1.4 航天装备试验主要特点

与传统的常规装备相比,航天装备试验活动具有以下特点。

1.4.1 试验子样较少,技术状态发展快

大部分航天装备(如航天器、运载器等)集探索性、先进性、复杂性、风险性于一身,是典型的小子样试验产品,与大批量生产的装备存在明显不同。航天器、运载器等航天装备不具备回收、重复使用能力,均属一次性产品,且型号多、技术新、发展快,要求在极小子样的条件下实现高可靠、高性能、高质量,极大地制约了传统考核方法的应用。例如,航天器涉及侦察监视、预警探测、通信中继、导航定位等多种类型,运载器涉及多种不同的具体型号,且随着技术的发展进步还在不断更新换代,这给航天装备的试验方法、评判准则的选择与制定等带来了一定的挑战。另外,航天装备是高价值的技术密集型产品,从其经济性角度讲,在研制过程中很难、也不必造出大量的试验样品来进行试验考核活动。

1.4.2 试验系统复杂,难以统一标准

航天装备系统复杂、体系性强,各系统之间又高度耦合,天地一体化的试验需求突出。尤其在太空应用、支援保障的试验任务中,实际使用运行过程具有高度的复杂性、不确定性和动态性,贴近实际使用条件的试验活动存在多种试验模式和许多未知的影响因素,且彼此相互作用,很难利用统一的试验鉴定标准得出准确的试验结果,也就不能使用统计方法来验证数据,进而给航天装备性能的鉴定和评估带来较大难度。

1.4.3 试验环境特殊,验证考核艰难

不同航天装备在不同使用阶段、不同使用平台所经历的环境剖面和应力水平

大为不同,其面临着力学环境、热环境、太空环境、气候环境等诸多条件的严峻考验。多数航天装备部署在太空,其运行使用环境极其特殊,很难为其构建贴近实际、不被探测的试验环境,组织实际环境下的试验考核非常困难。对于执行太空任务的装备而言,为适应太空环境条件而开展的各种试验只能采用大量的模拟仿真试验的方式,并与少量的实装实物试验相结合,才能保证试验验证和考核的科学性和充分性,确保试验效果评估的准确、可信。但是受到复杂试验条件的限制,想要在有限的条件下全面充分考验航天装备的性能和效能,需要突破解决一系列关键技术难题。

1.4.4 试验敏感性强,安全要求高

航天装备对于国家安全战略具有支撑性,开展航天装备试验对国际政治、外交和舆论都有着较大的影响力和敏感性。目前,大多数国家的航天装备既具有试验探索性质,同时又在不断向国家安全领域应用转变。在全天候、全天时、复杂电磁环境等条件下开展航天装备试验,给国际太空安全环境带来了极大挑战和影响。航天装备试验活动涉及全球和太空的物理空间范围,试验一旦失败,装备碎片或残骸极大可能给他国造成一定程度的影响,从而给本国带来不利局面。因此,对航天装备试验安全的要求极高。

第2章 航天装备试验组织实施

航天装备试验工作是适应装备体系建设发展新形势,构建先进实用的试验鉴定体系,全面履行使命任务,有力促进航天装备高质量发展,加快生成新质能力的重要保证。它贯穿于航天装备全寿命周期,在统一规划计划的指导下,按照规定的程序和要求组织实施各项具体试验任务。本章主要论述航天装备试验的基本要求和工作内容。

2.1 基 本 要 求

航天装备试验的主要目标是通过严格充分的试验考核,在研制、生产和鉴定定型过程中发现航天装备的缺陷,不断提升航天装备技术成熟度,固化其技术状态,最终形成高质量的航天装备。航天装备试验要达成预期目的,就需要坚持以下基本要求。

2.1.1 试验环境条件构设要全面逼真

运载器、航天器等航天装备与地面、海上或空中的传统装备不同,其主要运行使用在外层空间,需要长期经受特殊的太空环境,发射、运行和回收环境非常复杂、恶劣,容易使其受到干扰和影响,造成其性能下降、功能失常。而且,航天装备是现代军事力量体系的一个节点,很多弱点和不足只有在逼近实际、多因素综合的环境下才可能被发现、鉴别。依据航天装备在实际使用中遇到的环境剖面(包括因素类型、应力强度和时序),构设复杂、逼真的试验环境条件,把航天装备潜在的技术问题、使用问题尽量暴露出来,力争在实验室、地面、平时就解决这些问题,避免出现"先天不足,后天难补"的困境。

不同航天装备在不同使用阶段、不同使用平台所经历的环境剖面和应力是不同的,大体分为力学环境、热环境、太空环境、气候环境。其中,力学环境分为振动环境、噪声环境、冲击环境、加速度环境等;热环境分为高温环境、低温环境、高低温循环环境、温度冲击环境等;太空环境分为辐射环境、碎片环境、失重环境、真空深冷环境等;气候环境分为湿度、沙尘、雨雪、盐雾、光照等。

美国和我国的相关试验标准文件都强调,开展航天器使用环境模拟试验,以暴露和消除设计、元器件、材料、制造工艺、装配等各环节存在的潜在缺陷,考核航天器的环境设计余量,验证航天器对各种环境的适应能力。研制阶段的航天器环境试验主要在室内的环境模拟设施进行,如风洞、热真空罐、振动台及航天器运用仿真系统等,试验结果用于支持航天器设计方案、技术指标论证;使用阶段的航天器环境试验从出厂后,结合实际飞行试验进行,测试各种环境对航天器技术状态的影响,评估航天器的性能,以支持航天器的交付决策。

2.1.2 以技术成熟度提升为目标,强化试验质量管理

由于航天装备的系统复杂性和高技术风险性,为提高其技术成熟度,航天装备研制工作通常采取分级试验策略,其试验的范围主要包括组件级、分系统级和系统级试验,必要时还包括材料和元器件级、部件级试验,以及新工艺试验。通过实施不同级别的试验来评价各级别对象产品设计和制造的可行性和技术成熟度,从而逐步实现航天装备系统的整体性能满足遂行太空任务的要求。

质量是航天装备试验活动的生命线,失去质量,航天装备试验活动就失去意义。不同级别的航天装备试验过程是由许多相互联系、相互影响的具体试验环节所组成,同样,每个环节质量包含组织管理、技术状态、试验文书、测试流程、资源管理等多方面因素,它们都不同程度地影响着整个试验质量。为了保证和提高质量,就必须对影响航天装备试验质量的所有环节和因素实施严格控制。通过严格试验质量控制,不放过任何一个疑点,不漏掉任何一个隐患,才能确保航天装备试验取得实效。航天装备试验必须强化质量意识,坚持质量第一、进度服从质量,以质量保证进度。实践证明,严格的质量控制是航天装备试验任务成功的保证,如果降低质量标准而追求进度,则必然导致失败,付出巨大的代价。

2.1.3 试验能力建设要与航天装备发展同步适应

装备试验能力建设要以满足航天装备发展需求为前提,并随着航天装备研制工作的不断深入而创新发展。装备试验能力与航天装备发展需求之间的相互作用及其矛盾运动,揭示了两者间本质的、必然的联系。航天装备研制的阶段性和时限性决定了其试验能力建设的同步性和时效性。装备试验能力虽然是为航天装备研制和运行使用服务的,处于矛盾的次要方面,但是若其滞后于航天装备的发展,不仅难以及时、有效地保障航天装备试验任务的完成,延缓型号研制进程,而且会对整个航天装备建设效益产生消极影响。总之,航天装备建设发展不断对其试验活动提出了新要求,并直接影响装备试验能力的发展;而不断发展的装备试验能力与水平,又促进或制约着航天装备的研制进程。

因此,航天装备试验能力建设要主动适应航天装备发展需求,尽早开展论证研究和建设工作,在规划航天装备建设发展时,要同步考虑航天装备试验能力建设问

题,做到统一规划、整体运行、同步建设、协调发展,促进航天装备建设和应用能力的快速形成。

2.1.4 科学严密组织,大力密切协作

众所周知,航天装备试验技术体系复杂、规模庞大。运载器、航天器、测控系统、太空态势感知装备等典型的被试对象及参试的设备设施都是庞大的、技术十分复杂的工程系统,涉及光学、电子、运载等尖端的科学领域和有关工业系统的高新技术,既需要各行各业的专业技术人员,也需要水平高能力强的组织管理人员。航天装备试验规模庞大、协同面广。航天装备试验尤其是飞行试验,到达地域、海域和空域非常宽广,参试单位、人员和动用的装备设备、设施器材繁多,在组织管理上必须集中统一、协调一致,要有统一时间、统一程序、统一口令、统一行动。航天装备试验时间长。据统计数据表明,运载器、航天器型号试验包括各种地面试验、飞行试验、控制系统试验、测量系统试验、星箭结构试验、动力系统试验、发射系统试验、增压输送系统试验、低气压试验、振动试验、冲击试验、噪声试验、高低温试验、湿热试验等,试验时间平均 2~5 年,一次飞行试验一般在 20~40 天,有的时间甚至更长。航天装备试验安全风险高。航天装备试验活动大都需要使用电源、油料、特种燃料和火工品,如果发生爆炸或失火,则会对周围造成巨大损失,如果落到国外,则会造成涉外事件,而且被试对象自身成本高昂,因此,试验安全需要特别关注,要有严格的规章制度、严密的组织管理。航天装备试验活动测试项目多,要求安全、经济、充分获取被试航天装备的数据资料,准确可信给出航天装备性能评定的结论。同时,试验中每个过程、每项活动都有严格的时间限制,要求在规定时间完成预定的动作,否则影响试验进程,甚至导致试验失败。

总之,航天装备试验活动涉及参试单位和岗位众多,测试测量和控制设备设施复杂,勤务保障业务繁多,专业化水平和社会化程度高,多方联系广泛,必须实施科学管理和严密组织。因此,需要组建完善的组织管理体系,建立完备的管理制度和标准规范,严格落实工作责任制,严密组织,大力协作。这既是加强航天装备试验管理,提高航天装备试验总体效益的需要,又是航天装备试验规范化建设工作的现实要求。

2.2 试验总体筹划

航天装备试验工作与其他复杂系统性工作一样,需要整体筹划、一体设计。在航天装备全寿命的前期需要开展总体论证、科学设计、合理安排、预测风险,这既是航天装备试验工作顺利推进的重要保证,又是整合试验资源提升航天装备试验工作效益的重要手段。试验总体筹划是解决装备试验工作分段管理、低层次重复、数

据共享困难、试验数据不充分、鉴定结论可信度低等问题,建立装备试验"全寿命周期统筹、试验分散实施、鉴定综合权威"运行模式,提高装备试验工作效率的先进管理方法和技术手段。通常在航天装备的立项论证阶段同步开始试验初步论证。立项批复后,在研制总要求和试验初步论证的基础上,进一步深化展开试验综合论证,指导后续的试验工作。

2.2.1 试验初步论证

航天装备试验初步论证,通常在其型号研制项目的立项综合论证阶段组织实施,主要明确装备型号研制项目试验鉴定工作的初步总体要求,形成相应试验初步论证的文书。该工作对航天装备型号研制立项综合论证、全寿命周期试验一体化筹划工作具有重要意义。

试验初步论证主要包括装备概述、试验鉴定任务与初步工作安排、关键节点安排、试验样机数量与类型、试验保障条件与资源需求、试验数据管理要求等方面内容。

试验初步论证要严格依据航天装备研制和试验的相关法规标准要求,做到完整、准确、协调和规范,并按照规定的程序要求报批试验初案文书。

2.2.2 试验综合论证

航天装备试验综合论证,通常在型号研制项目立项批复后、第一阶段试验开始前组织开展,在试验初步论证的基础上,进一步对第一阶段试验、第二阶段试验、第三阶段试验工作进行整体论证,研究提出试验考核指标体系、试验方案及安排,分析试验资源保障能力和需求,提出试验模式、装备试验单位建议等。试验综合论证是对试验初步论证的继承和深化,是航天装备型号研制项目试验工作的总体要求,也是航天装备全寿命周期试验工作的基本依据。

试验综合论证要依据装备试验相关法规、航天装备型号研制项目立项批复、有关标准规范文件等要求,做到全面、客观、协调和规范,并形成相应试验总案文书,按照规定程序报批。

2.3 试 验 准 备

航天装备试验准备是从装备试验单位受领航天装备试验任务到被试航天装备进场前开展的相关试验工作。

航天装备试验管理机关通常在年初将年度航天装备试验任务的工作计划,以任务指示或通知的形式下达给装备试验单位。装备试验单位依据受领的试验任务、首长意图和职能任务分工,组织实施航天装备试验准备工作。

没有科学、认真、扎实和全面的预先准备,就不可能保证航天装备试验工作的顺利进行,甚至直接影响航天装备试验质量的高低。试验准备的主要任务是明确航天装备试验的需求,跟踪熟悉被试航天装备的性能指标及关键技术,进行试验任务分工,做好各项试验准备。其具体工作包括编制试验大纲、制定试验方案预案、拟制试验实施计划、开展定岗定位和针对性训练、组织试验条件建设等内容。

2.3.1 编制试验大纲

装备试验大纲是装备试验单位组织实施航天装备试验任务的指导性、纲领性技术文件,也是制定相关试验方案、拟制试验实施计划、组织实施试验活动和编写试验报告的主要依据。

航天装备试验大纲通常由装备试验单位组织编制。在制定航天装备试验大纲时,应听取航天装备管理机构、总体论证单位、承制单位和用户单位等各方面的意见。航天装备试验大纲应按照规定程序和权限报批后方可实施。

航天装备试验大纲通常分为第一阶段试验大纲、第二阶段试验大纲和第三阶段试验大纲。其一般包括以下内容。

(1)编制依据。相关试验法规制度、相关国家军用标准、研制总要求和试验总案、试验任务计划等。

(2)试验性质和目的。明确试验性质,说明试验目的。例如,试验目的是考核被试航天装备性能是否满足规定的性能指标或效能,为被试航天装备工作决策提供依据。

(3)试验时间和地点。明确试验任务的时间、地点或区域(地域、水域、空域)。

(4)被试航天装备、陪试品(装备)。被试航天装备的名称、型号、种类、数量及其技术状态、提供单位;陪试品(装备)的名称、种类、批次、数量及其技术状态、提供单位等。

(5)试验项目、方法与要求。针对每个试验项目,逐一说明其方法及要求,包括试验内容、试验条件、试验方法、数据处理方法、评估方法、评定准则等。

(6)测试测量要求。明确试验测试测量参数的类型和准确度要求。

(7)试验的暂停、中断、恢复和终止。明确试验的暂停、中断、恢复和终止的具体条件。

(8)试验组织及任务分工。明确试验组织机构、参试单位、任务分工和有关要求等。

(9)试验保障要求及措施。明确试验保障单位、保障任务和要求等。

(10)试验安全要求及措施。明确对人员、装备、设施、信息及周边环境等的安全及保密要求。

（11）试验实施计划网络图、其他说明。

2.3.2 制定试验方案预案

试验方案是落实航天装备试验大纲、实施航天装备试验任务的具体技术文件。它依据批复的试验大纲,对实施航天装备试验任务进行总体设计和预先安排,用于指导试验条件准备和实施试验项目活动。拟制试验方案应当充分论证,结合部队实际,认真听取研制和使用单位的意见,考虑各种因素,保证航天装备试验方案切实可行。

在各种类型的航天装备试验任务中,装备试验单位制定的试验方案实际名称和具体使用不尽相同,大致包括试验总体实施方案、试验保障方案、试验安全预案三类试验方案。

试验总体实施方案是装备试验单位对所承担的航天装备试验任务进行系统分析和整体设计的技术文书。其主要明确航天装备试验任务来源、被试航天装备情况、试验项目与方法、试验条件建设、参试岗位与分工、进度安排、试验质量和安全要求、需要协调解决的问题等内容。

试验保障方案是装备试验单位根据航天装备试验任务的需要,对相关试验通信、气象、后勤、装备保障等方面进行预先筹划的技术文书。其主要明确各参试保障系统的任务内容、职责分工、进度安排等内容。比如,在航天发射试验时,需要制定《××试验任务通信系统保障方案》《××试验任务气象系统保障方案》等。

试验安全预案是装备试验单位为应对航天装备试验过程中可能出现的不安全因素及潜在危险源,而分析制定的一种应急处置文书。其主要明确试验任务存在的安全风险、组织职责分工、应急处置程序与要求、应急保障措施等内容。

2.3.3 拟制试验实施计划

试验实施计划是装备试验单位组织实施航天装备试验任务,以一定时间周期为单位进行具体工作安排的试验文书。其发挥的作用具体表现在以下几方面。

（1）协调控制各项试验活动。航天装备试验涉及不同参试单位、众多试验岗位人员、诸多试验具体工作事项。只有通过科学的试验计划、检查和控制,才能保证各项试验工作事项之间的相互协调,对计划执行中出现的偏差及时进行纠正,最终确保航天装备试验任务的顺利完成。

（2）合理调配试验资源,提高使用效益。航天装备试验涉及各类装备和试验设施设备的运用,以及各类相关试验资源的配置使用问题。通过合理的试验计划,可以降低不必要的资源消耗和浪费,使有限的试验资源发挥最大的效益。

试验实施计划的主要内容包括目的、被试品情况、试验项目、试验时间和地点、测试内容、指挥序列、物资保障要求、实施进度安排、实施计划网络图、试验安全注意事项等。

装备试验单位应以批复的试验大纲、下达的试验任务书(通知)等为依据,综合考虑试验设备设施、参试岗位人员、场区情况等资源因素,科学拟制试验实施计划,确保其合理、可行。

2.3.4 开展定岗定位和针对性训练

装备试验单位根据航天装备试验任务岗位设置,组织参试人员定岗定位,做到"五定":定人员(哪些人参加试验任务)、定岗位(参试人员定在哪个试验岗位)、定职责(参试岗位人员承担哪些岗位职责)、定设备(参试岗位人员负责操作使用哪些设备)、定协同关系(参试岗位人员与其他岗位具有什么协同关系)。

装备试验单位针对所承担的航天装备试验任务特点、被试航天装备技术状态、试验设施设备使用要求等,适时组织开展航天装备试验任务的针对性训练,通过下厂(所)学习、岗位练兵、模拟演练、合练等形式,开展参试人员的操作技能训练、系统协同训练、任务适应性训练等活动,提高参试人员完成航天装备试验任务的综合能力。

2.3.5 组织试验条件建设

装备试验单位根据下达的试验条件建设计划、批复的试验大纲和方案,会同有关单位组织落实航天装备试验条件建设和各项准备,主要包括:试验场区条件改造和建设,测试、测控、通信、气象等设备的研制、改造、购置及安装、调试,试验靶(目)标开发、采购与布设等。

装备试验单位组织航天装备试验条件建设,必须坚持适用、可靠、先进、经济的原则,依据建设方案明确的各项指标要求和进度安排,深入掌握实际情况,高质量完成各项航天装备试验条件准备。

在各项试验条件准备完成后,装备试验单位要组织对各参试系统准备进行全面的检查评审,发现试验准备存在的问题,确认其是否满足航天装备进场和实施试验任务的技术要求,并对发现的问题及时组织整改。

2.4 试 验 实 施

试验实施阶段是从被试航天装备进入试验场到完成规定的所有试验项目为止。试验实施工作是获取航天装备试验数据的关键环节,也是航天装备试验任务最繁重的一项阶段工作,对圆满完成航天装备试验任务具有重要影响。其主要任务是现场开展航天装备试验的各项检查、测试测量、指挥控制等活动,实施各项试验保障活动,确保完成所有试验项目。

2.4.1 开设试验任务指挥机构

根据航天装备试验任务的需要和首长指示,装备试验单位适时开设试验任务指挥机构,对航天装备试验任务实施统一、快速、准确、安全、不间断指挥。

试验任务指挥机构人员通常由装备试验单位各级首长、有关部门领导、承制单位和用户单位人员组成。试验任务指挥机构的开设通常由上级确定,其开设后应当及时报告上级并通报参试单位。

2.4.2 组织被试航天装备进场

装备试验单位应当按照进场条件,适时组织协调被试航天装备进场,落实试验保障条件,督促承制单位进行被试航天装备和参试设备的恢复、外观检查,组织技术交底及相关资料交接。应当根据被试航天装备系统构成、试验大纲、试验流程和技术规范要求,组织质量性能检测、软件测试等;会同承制单位对被试航天装备的软硬件系统进行质量和风险评估,确保被试航天装备系统满足试验要求。例如,某航天产品飞行试验的进场条件包括以下几方面。

(1)对承制单位提供技术资料的要求。

① 应与产品的技术状态一致,相互协调。

② 操作使用资料(含测试软件)已经实际使用考核。

③ 技术资料应满足发射场技术准备和试验使用的需要。

④ 技术资料一般应包括:航天产品主要总体参数及性能指标,航天产品飞行精确弹道参数,航天产品总体(含分系统、单元仪器)的技术说明书和图样,测试软件和载体及相应的技术文档,发射场工程建设和技术改造要求,测试发射流程、测试细则、测试技术要求及发射预案,其他必要资料。

(2)对航天产品的要求。

① 航天产品出厂测试按照专用技术条件规定进行,测试结果符合要求。

② 航天产品进场前应彻底排除测试中出现的故障。若没有查清原因和排除故障,不得进入发射场试验。

③ 航天产品通过出厂质量评审。

(3)对测试设备的要求。

① 测试精度应满足航天产品测试的需要。

② 通用仪器应经计量检定合格,并在有效使用期内。

③ 专用设备应经测试考核,功能和性能参数符合专用技术条件。

④ 测试设备出现故障,应查清原因,排除故障后方能进场。

2.4.3 实施各项试验保障活动

装备试验单位实施航天装备试验保障,必须根据航天装备试验任务计划和保障要求,组织各种试验保障力量,科学计划、严密组织、突出重点、密切协同,保障航天装备试验任务顺利实施。其主要内容包括以下几方面。

(1)组织通信保障。应当按照试验方案明确的通信保障任务展开,以试验专用通信网为主,综合运用多种通信手段,建立稳定、可靠的试验通信网;组织试验通信系统联调并为各参试系统联调、全区合练和任务实施提供保障,确保试验通信联络的及时、准确、保密和通信系统畅通。

(2)组织气象水文保障。应当按照试验方案明确的气象水文保障任务,开展气象观测探测、危险天气监测,全面收集、研究气象情报,及时准确地提供大气层内和太空的天气预报、实况,以及水文相关资料;掌握试验区域(海空域)天气变化情况,适时提出利用气象条件的建议,保障航天装备试验任务顺利实施。

(3)组织地理测绘保障。应做好试验场区地理信息、测控设备点位、射击方位角、弹头落点等大地测量任务。

(4)组织机要保障。应当根据航天装备试验任务保密需要,做好任务期间电话、文电、资料等的机要工作,确保失泄密情况不会发生。

(5)组织航空航海保障。应当依据航天装备试验任务需要,主动与军地有关部门协调,全力做好飞机使用、舰船使用、空域海域管制等工作。

(6)组织试验安全保卫。应当根据航天装备试验任务安全需要,结合试验场区环境及地形特点,积极协调军地有关部门做好试验场区(海空域)、重要军事设施、人员疏散等安全保卫工作。

(7)组织后勤和装备保障。应当根据航天装备试验任务需要,落实好任务期间物资器材供应、车辆运输、军需油料、特种燃料、装备保障、人员食宿等工作。

2.4.4 实施现场试验和试验项目转进

装备试验单位根据试验方案,适时组织开展参试系统联调联试、全区合练、全系统合练、应急预案演练等活动;按照试验程序组织实施外场试验、飞行(在轨)试验、定标鉴定试验、校飞鉴定试验、仿真鉴定试验等现场试验活动。在每次现场试验活动过程中和结束后,应及时对试验过程做详细记录,全面采集现场试验测试的数据与结果,对主要试验项目进行多媒体记录;及时发现和解决试验过程中存在的问题,严格控制试验质量。根据试验任务指挥机构的意见,适时推进现场试验项目转换或转阶段,展开下一个现场试验项目活动的实施。确需调整或者修改试验大纲规定的项目,因故中止或终止试验,以及改变被试产品主要技术状态和试验性质的,应当按照规定程序报批。

2.4.5　组织试验突发事件应急处置

航天装备试验活动存在着诸多不确定性风险因素,也涉及很多的危险品,可能会出现失败或其他突发事件,如主要参试设备损毁或重大故障、人员伤亡事故、不可抗拒的自然灾害,以及被试航天装备出现重大异常情况,这些突发事件都会对航天装备试验任务造成不同程度的影响。

航天装备试验任务指挥机构组织处置试验突发事件时,主要做好以下工作。

(1)应当及时启动应急预案,组织救援人员就位,不间断地掌握情况,及时做出应急处置决策。

(2)根据相应的预案,采用合理有效的技术手段和方法,重点组织抢救人员和遏制危险源,控制事态发展,避免引发连锁反应。

(3)加强重要试验设施设备、目标和区域的防护及自身防护等,努力减少人员伤亡和财产损失。

(4)做好试验秩序恢复和善后工作。

2.5　试验结束

装备试验单位在完成航天装备试验任务后,必须严密组织、统筹安排航天装备试验任务的结束工作。其具体工作包括以下几方面。

2.5.1　参试人员撤离和设备撤收

装备试验单位在完成航天装备试验任务后,要有计划、有步骤地组织参试人员撤离和设备撤收,同时抓紧进行参试设施设备的维护保养。组织外协人员撤离,协助安排撤离的运输事宜;组织配属参试兵力归建。在试验任务撤收阶段,关键是保障参试人员和设备的安全。

2.5.2　试验结果分析与评定

试验结果分析与评定是航天装备试验任务的一项重要工作。装备试验单位应及时组织专业人员搜集、处理、分析航天装备试验数据,给出试验结果和问题处理意见,及时向上级首长报告并向有关单位通报情况;组织航天装备试验结果评估,编写并上报试验报告。

试验报告是装备试验单位出具的试验结果的法定性文件。迅速、准确、完整地提供高质量的试验报告是完成航天装备试验任务的重要标志。编写试验报告必须以航天装备试验大纲和相关政策制度为依据,以真实的试验数据结果为支撑,要客观反映被试航天装备的试验情况、质量状况和性能(效能)等信息。其内容一般包括以下几方面。

（1）被试航天装备全貌照片。能反映被试航天装备外形结构特点的彩色照片。

（2）试验概况。其主要包括：任务来源和编制依据（任务下达的机关和任务编号、批复的试验大纲、相关国家标准、国家军用标准等），试验目的和性质，试验起止时间和地点，被试装备名称、代号、数量、批号（编号）及承制单位，陪试装备名称、数量，试验大纲规定项目的完成情况，试验大纲变更情况，试验外包和数据采信情况，参试单位和分工情况，其他需要说明的事项。

（3）试验内容和结果（试验测试项目）。逐一说明每个试验项目、试验条件、测试设备、试验方法、试验结果、评定结论和试验数据表格等。

（4）试验中发现的主要问题及处理情况。其主要包括：试验中发现问题的主要现象描述，对发现问题的分析意见、试验验证和结果处理等。

（5）结论。对试验结果进行综合分析评定，说明试验考核指标达标情况，对被试航天装备给出综合性结论意见。

（6）存在问题与建议。说明被试航天装备存在的主要问题，从研制、生产、编配、训练、使用和技术保障、后续试验等方面提出建议。

（7）附件。其主要包括：指标符合性对照表，试验问题汇总表，试验数据及其图表，试验报告引用文件表，必要的外包试验报告、仿真试验报告、计算分析报告和数据采信报告，典型试验场景照片等。

2.5.3　试验任务总结

装备试验单位应及时组织航天装备试验任务工作总结，通过任务总结，查找试验工作问题，总结试验工作经验，改进试验工作。试验任务工作总结主要包括任务完成情况、主要做法和经验、存在问题及原因、改进措施和建议等内容。

2.5.4　试验资料归档管理

装备试验单位应在各项试验工作全部结束后，及时组织对航天装备试验任务产生的重要资料的整理、分类、编辑和归档工作，建立型号任务的专项资料库。主要做好以下试验资料的归档管理工作：①依据性试验技术资料，如试验任务书、有关会议纪要、来往文件及材料、产品图样与技术资料、产品合格证或质量证明书、试验大纲、试验方案、试验实施计划等；②原始及过程性试验技术资料，如试验现场记录、测试和观测记录、试验计算结果、试验气象资料和各种声像资料等；③成果性试验技术资料，如试验报告、任务总结报告、有关会议纪要等。

第3章 航天装备试验指挥系统

航天装备试验是一项技术密集、协调面广、安全要求高的系统工程活动。复杂的航天装备试验任务离不开高效的指挥,高效的指挥又依赖于科学、完整的航天装备试验指挥系统。充分认识与研究航天装备试验指挥系统的组成要素,有利于规范试验秩序、明确职责权限、理顺指挥关系,促进航天装备试验指挥系统的不断发展与完善,发挥更大的指挥效能。本章主要论述了航天装备试验指挥系统的基本概念、构成要素、存在形式、组织运用等内容。

3.1 基本概念

航天装备试验指挥系统和其他指挥系统在组成要素、结构与功能等方面基本相似。但由于航天装备试验任务的特殊性,同其他指挥系统相比,装备试验指挥系统在层次结构、人员组成、系统类型等方面存在显著的差异,各级指挥员必须准确把握其特点,才能高效地建设与运用。

航天装备试验指挥系统是为顺利完成航天装备试验任务,由试验指挥主体、指挥手段等要素,按照一定的规律和原则组成的具有试验指挥控制功能的有机整体。在该系统中,各个要素按照一定关系的相互作用实现航天装备试验的指挥控制功能,达成航天装备试验的目的。

航天装备试验指挥系统的基本任务是全面掌握航天装备试验活动和参试单位的情况,组织指挥航天装备试验行动及相关试验工作,保障航天装备试验的统一指挥,确保达成既定目标。

3.2 系统构成要素

根据指挥系统的基本原理,航天装备试验指挥系统通常由试验指挥主体、指挥手段和指挥信息等要素构成。

3.2.1 试验指挥主体

航天装备试验指挥的主体是承担试验指挥实践活动的人员,通常是由试验指挥员、指挥机关人员、相关技术专家组成的群体。

试验指挥员是被赋予与履行航天装备试验指挥职权的人员,也是航天装备试验行动的组织领导者和指挥决策者。其行使航天装备试验的指挥权力,具有举足轻重的作用,在试验指挥系统中处于核心地位。

从试验实践经验看,航天装备试验活动通常采取行政指挥线和技术指挥线"双线"相结合的指挥模式机制,其指挥主体也呈现多元化的特征。试验指挥员是航天装备试验指挥的核心群体,具有集体指挥属性。

试验指挥的层次性决定了航天装备试验指挥员的双重身份。本级的试验指挥员对下一级试验指挥员而言,是指挥者;对上一级指挥员而言,他又是试验指挥对象。因此,航天装备试验的某一级指挥员具有指挥者与被指挥者的双重性质。

航天装备试验指挥员的基本职责是进行航天装备试验的指挥决策。试验指挥决策是指挥员积极筹划航天装备试验任务,对参试力量的试验行动做出正确的决定,监督指导航天装备试验任务实施,并处置重大试验问题。试验指挥员的决策对参试力量试验行动的结果产生决定性的影响,关系着航天装备试验的成败与安全。

试验指挥机关是航天装备试验指挥主体的重要构成,它是具体承担航天装备试验任务的组织指挥职能的一种业务办事机构。各级试验指挥员一般通过试验指挥机关对下一级履行航天装备试验任务的指挥决策权,各级试验指挥机关在本级试验指挥员的统一领导下发挥着自身的职能作用。其主要任务是保证各级试验指挥员在航天装备试验活动中实施高效、正确的指挥,达成航天装备试验的目标。

在高密度、多样化的航天装备试验任务发展形势下,被试航天装备类型多、技术含量高、参试系统和岗位众多、试验项目活动复杂,试验指挥机关的地位和作用更加突出,指挥员必须充分依靠试验指挥机关才能实现高效率的指挥,圆满完成航天装备试验任务。在航天装备试验指挥中,试验指挥机关既是试验指挥员决策的辅助者和智囊团,又是保障试验指挥员决策的指挥中枢,也是各项试验行动的具体组织计划者。

试验指挥机关在航天装备试验指挥方面的基本职能是辅助试验指挥员做出试验决策,并保障试验决策的圆满实现。其主要包括以下工作:全面搜集和掌握各种试验情况,为试验指挥员及时提供准确的情况信息;分析判断试验情况,提出试验报告建议;提出试验方案建议,拟制试验计划;传达试验指示;建立指挥所;建立试验指挥信息系统;检查指导参试单位的试验准备;组织协同和督导参试单位的试验行动。

3.2.2 试验指挥手段

试验指挥手段是实施航天装备试验指挥所使用的各种设备、器材及方法的统称,包括指挥信息系统及指挥作业工具、指挥信息传递工具和通信方法等。航天装备试验指挥必须依托一定的指挥手段。试验指挥手段包括两个方面:①指挥设备器材;②运用指挥设备器材达到指挥目的的方法和措施。这两方面的紧密结合构成了完整的试验指挥手段。

试验指挥手段是航天装备试验指挥内容传递的载体和通道,是联结航天装备试验指挥主体和指挥对象的纽带与媒介,也是航天装备试验指挥系统及其运行不可缺少的基本要素。

当今,在智能化的信息时代,航天装备及其试验技术手段正快速发展,呈现高度信息化和智能化的特征。这给航天装备试验的指挥手段带来了深刻的变革,使其不断完善信息化、智能化技术在航天装备试验指挥中的应用。

航天装备试验广泛使用信息化指挥手段。这些信息化指挥手段主要是指以计算机为基础,以信息网络为核心,综合运用现代电子信息技术和设备,将信息采集、信息传输、信息处理、综合显示、辅助决策、指挥业务等多种功能集于一体的指挥信息系统。为了确保其功能的充分实现,信息化指挥手段涵盖范围日益广泛,不仅包括与信息处理、交换、存储、分发、控制、显示等密切相关的计算机、信道设备、网络设备、路由器、控制台、显示设备等硬件设备(设施),还包括保证其功能实现的各类软件系统、通信协议、数据库等。

航天装备试验指挥信息系统的基本功能包括信息功能、计算功能、监控功能、辅助决策功能、调度功能、文电处理功能,其基本功能与信息关系如图 3-1 所示。

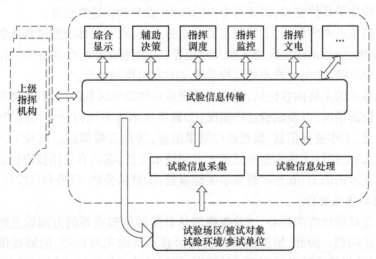

图 3-1 试验指挥信息系统的基本功能与信息关系示意图

1. 信息功能

信息功能是航天装备试验指挥信息系统的主要功能,包括信息收集、信息传递、信息处理、信息存储与检索、信息显示等具体能力。该指挥系统能把各类信息源联成整体,形成多手段、多层次、全方位的信息收集体系,使所获取的信息互相补充、彼此验证,并且及时、全面、准确、可靠。所获取的各类信息经信息传输系统送至信息处理中心,计算机对各类数据信息进行分析、加工、处理,将原始信息和有关结果进行记录存储;指挥所需要的各种信息送至显示设备,以文字、数据、曲线、图表、图形、图像等形式显示在指挥人员面前,为指挥员定下决策提供依据;指挥员决策形成的指示、命令、计划、方案、报告,以及上级指挥中心和友邻协同单位指挥中心所需的信息经信息传输系统可分别传至所属单位、上级与友邻的指挥中心;各类反馈信息有些可直接返回本级指挥所,有些则会被信息收集分系统的有关设备收集。

2. 计算功能

航天装备试验情况复杂,必须借助试验指挥信息系统的计算功能,进行周密的计划与计算。计算功能可帮助指挥员定量地分析、认识事物的规律和指导实践活动。在航天装备试验任务中,需要进行大量的数据处理和逻辑运算工作,如发射诸元计算、弹道计算、轨道计算等。这些计算数学模型复杂、工作量大,实时性和结果的精度都要求极高。

3. 监控功能

监控功能是对命令、计划执行情况和指令执行结果的收集,并及时反馈给指挥控制主体,使其了解决策、指令实现的程度,以便做出必要的调整和修正。监控功能由执行监控子系统实现,需要有专门的机构、设备和信道来保证。

监控的重点内容包括:①监测重要设施的火灾、有害气体及测试现场的供配电和温度、湿度,一旦出现危险情况能及时报警;②监测重要地面设备的工作状态和有关的重要参数;③向试验现场监控系统实时发出控制指令。

监视显示的主要内容包括:①电视监视显示试验场区危险区域、关键部位和重要工作岗位的情况,以及试验过程实况;②数字显示各系统自动化检测的信息、试验任务信息、工作进程信息、数据处理结果信息;③动态模拟显示试验工艺流程和重要部位火灾情况;④显示重要试验文书和技术文件;⑤具有公用投影设备显示和个人终端显示的能力;⑥显示板显示关键参数;⑦显示公告、气象和试验计划。

4. 辅助决策功能

决策是试验指挥的核心,试验指挥信息系统运用很重要的方面就是解决决策方法科学化问题。因此,辅助决策是指挥信息系统的主要功能,能够提供专家知识,协助试验指挥人员迅速判断试验情况,拟制试验工作计划,制定试验预案、故障处置预案、应急组织实施方案。在试验指挥信息系统中的计算机辅助决策,一般有两种形式:预案检索型和人工智能型。预案检索型是根据决策方案及与之相配套的计算、控制程序,作为一个软件成品存放在软件库中,需要时迅速提供给指挥员选用。人工智能型是一种类似于人脑思维的决策形式,相比预案检索型具有更多的灵活性和适应性,它依靠专家系统来进行决策,由知识库、逻辑库和专家管理系统组成。

5. 调度功能

试验指挥信息系统具有发令、指挥、听取汇报和协调各系统开展工作的功能,即调度功能。操作人员通过调度接受指挥,并按指令操作,从而保障试验活动有序进行。调度功能主要包括:保障试验指挥员及机关准确地下达指令;保障指挥员及机关全面了解任务执行情况,及时协调解决存在的问题;保障上级对下属实施越级指挥;对参加任务的友邻单位实施协同指挥。

6. 文电处理功能

文电处理功能是试验指挥信息系统所提供的用于试验文书编辑和处理的能力。这一功能要求系统能起草、编辑、发送、注释和审批各类文电;对系统输入输出的各种文电进行格式化处理、自动分类、分发和存档;能够根据规定和要求检索文电;系统能自动进行加密与解密处理。指挥信息系统中所处理的文电主要包括:上级指示、命令、通知和通报,对所属单位的指示、命令、通知和通报,与友邻单位之间的协同文电,下级的请示报告等。

3.2.3 试验指挥信息

试验指挥信息是组织实施航天装备试验指挥所需的情况、指令、报告和资料等的统称。航天装备试验指挥活动是通过指挥信息的转换和传递实现的,试验指挥信息是航天装备试验指挥系统有效运行的必要条件。如果离开试验指挥信息,航天装备试验指挥系统就不能发挥应有的效能,也难以完成相应的试验指挥工作任务。

航天装备试验指挥信息主要包括:

(1) 试验资源与条件信息,如参试设备设施及系统工作状态、参试单位人员、试验场区环境等。

(2) 试验任务信息,如被试装备信息、指挥决策信息、试验任务进程信息、工作计划、现场实时动态、试验音视频、试验文书等。

(3) 其他指挥信息,如上级的文电、指示、批复,试验规章制度,以及其他协作单位的相关信息。

3.3 系统存在形式

航天装备试验指挥系统在试验任务的准备和组织实施过程中以某种形式存在和运行。在此可以从试验指挥系统的组织形式和实体形式两个方面进行分析。

3.3.1 组织形式

我国航天装备试验任务实行集中统一的分级指挥模式。由于航天装备试验的性质、规模、特点、被试对象、参试系统各不相同,采用的航天装备试验指挥组织形式也不相同。

归纳起来,主要是以试验领导小组、试验指挥部(所)为基本组织形式开展航天装备试验任务的组织指挥工作。下面以航天发射测控指挥为例,介绍一种典型的航天器发射测控试验指挥组织形式。

航天器发射测控试验指挥是在航天发射测控试验活动实践的基础上发展起来的,一般采用三级试验指挥组织体系,如图3-2所示。我国的航天器发射测控试验指挥机构通常设三级:第一级为联合指挥机构;第二级为基地或区域指挥机构;第三级为基层指挥机构,通常为部站级。

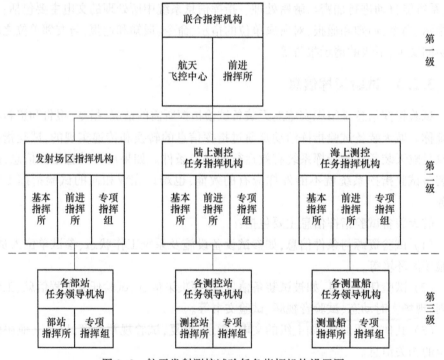

图 3-2 航天发射测控试验任务指挥机构设置图

在顶层,成立试验任务联合指挥机构,它是航天发射测控试验指挥的最高权力机构和指挥中枢,对航天发射测控试验任务实施集中统一的组织指挥,负责试验任务全过程的组织、决策、计划、协调。联合指挥机构与基地(或区域)指挥机构之间是指挥与被指挥的关系。基地(或区域)指挥机构是各个基层参试单位(部站)的上级机构,根据任务阶段的不同存在航天发射测控试验活动的指挥和指导关系。基地(或区域)指挥机构之间存在着协同关系。由于试验任务规模、性质和复杂程度的不同,在实际任务中,构成指挥关系的范围和内容也不相同。各级试验指挥机构依据相关法规制度和程序组织指挥参试单位的试验活动。

发射场区指挥机构在上级指挥机构的统一领导下,负责发射场区试验任务的统一组织指挥、质量控制,组织解决重大问题。基本指挥所在发射场区指挥机构的领导下,负责试验任务的组织、计划、协调工作。发射场区指挥机构根据试验任务需要开设前进指挥所。专项指挥组通常包括质量控制组、阵地工作组、测控通信组、电磁兼容组、政治工作组、后勤保障组、保密工作组等,在发射场区指挥机构的领导下,开展试验任务专项指挥协调工作。测试发射系统在发射场区指挥机构的领导下,负责组织测试发射、质量控制、安全管理、技术把关等工作。各部站任务领导机构在发射场区指挥机构的领导下,负责部站试验任务的统一组织指挥。

陆上测控任务指挥机构下设基本指挥所、前进指挥所和专项指挥组。其负责试验任务统一协调和领导决策,任务发射段、航天器交付使用前的重大测控事件的现场指挥和领导决策,以及指导基本指挥所开展工作。基本指挥所是基地试验任务指挥机构的办事机构,负责任务的组织指挥、技术协调和各种保障工作。陆上测控任务指挥机构根据试验任务需要开设前进指挥所和专项指挥组。前进指挥所在陆上测控任务指挥机构的领导下,负责试验任务的组织、计划、协调工作。专项指挥组负责试验任务某专项工作的组织协调。各测控站任务领导机构受陆上测控任务指挥机构基本指挥所直接指挥,负责测控站任务的组织指挥、技术协调和各种保障工作。

海上测控任务指挥机构下设基本指挥所、前进指挥所和专项指挥组。其负责多任务统一协调和领导决策,以及指导基本指挥所开展工作。海上测控任务指挥机构根据试验任务需要开设前进指挥所和专项指挥组。前进指挥所在海上测控任务指挥机构的领导下,负责试验任务的组织、计划、协调工作。专项指挥组,在海上测控任务指挥机构的领导下,开展试验任务专项指挥协调工作。各测量船任务领导机构受海上测控任务指挥机构直接指挥,负责测量船任务的组织指挥、技术协调和各种保障工作。

3.3.2　实体形式

从实体形式看,我国航天装备试验指挥系统主要存在固定式和活动式两种形式。

固定式试验指挥系统是根据航天装备试验需要,依托固定建筑设施,配有试验指挥需要的通信、调度、监视显示等设备,具备试验任务指挥功能的指挥实体,如指挥大厅、指挥控制室等。

固定式试验指挥系统主要用于在固定试验区域进行的大型系统试验。一方面,对于较大规模的系统试验,参试设备多、周期长、试验区域大、协调关系复杂,试验指挥人员需要将大量的各种试验信息和工作情况汇集到一起,进行综合研判,集中统一指挥与决策,才能及时准确地实施指挥,提高试验指挥质量和效率;另一方面,对于较大规模的试验,试验场区相对固定,也可建设固定建筑,也可安装大型测量设备的工作平台。因此,在固定试验场区建设固定的指挥所,既方便指挥人员工作,又使大量指挥设备易于布设,也使指挥人员可以安全地了解、观看试验实施情况。其基本特点包括:①可容纳较多的指挥岗位及人员,便于实施集中统一指挥;②便于安装大型指挥设备,有较强的信息处理能力;③具有良好的指挥环境条件;④难以灵活部署,不能适应试验场区的变化。

活动式试验指挥系统是依托车辆、方舱等活动平台条件,配有相应的指挥通信、监视、测量控制等设备,具备一定试验指挥功能的指挥实体。其主要用于小规模、高频率、灵活性强的试验任务,包括以下特点:①可灵活部署,便于外场试验的组织指挥,能适应试验场区的变化;②指挥岗位精干;③指挥信息的显示、处理能力有限;④指挥场所空间较小。

综上所述,对于大型试验,由于试验规模大,需要为指挥员提供大量的试验信息,试验指挥系统结构庞大,不易车载;试验场区有条件为指挥设备提供良好的运行环境。对于高频率、小规模的试验任务,由于试验灵活性大、场区不固定、试验频率高、出入场区频繁、试验指挥相对简单,这时就需要活动式的试验指挥系统。因此,两种试验指挥系统并存,更符合组织实施航天装备试验任务的实际。

3.4 系统组织运用

在航天装备试验任务的全过程中,试验指挥系统常以不同的表现形式和工作状态完成航天装备试验任务的组织指挥工作。

3.4.1 系统准备工作

在试验任务准备阶段,试验指挥系统的表现形式为装备试验单位现行编制的行政机构,按照现有职能分工开展航天装备试验任务准备阶段的指挥工作。

试验指挥系统工作重点包括以下两方面。

(1) 按照首长的意图,结合航天装备试验任务需求,装备试验单位机关部门研究提出试验指挥系统方案和使用计划,主要明确试验指挥机构、人员编组及相应职责分工,提出试验指挥信息系统的构成、功能配置、技术要求、开设时间、运行方式、安全保密和防护措施,以及与上级和友邻系统连接要求,并按规定程序报批。

(2) 做好开设试验指挥部(所)及指挥信息系统的各项准备,如指挥通信设备、软件、器材等准备,指挥信息保障工作。这些工作主要由指挥信息系统主管业务部门负责组织实施。

3.4.2　系统开设工作

进入试验任务实施阶段,试验指挥系统的表现形式主要为专门开设的试验指挥部(所),按照预定的职责和指挥关系开展航天装备试验指挥工作。

试验指挥系统工作重点包括以下两方面。

(1)应依据试验指挥系统方案和使用计划,合理选定试验系统各分系统、阵地、部站、要素的开设位置(试验场区),加强与有关单位、部门的协调,督促按时进入开设位置,并迅速展开系统建立工作。

(2)应及时组织系统联通试运行。其主要工作包括:登记查看系统各要素的配置、防护等情况,按照技术规范检查系统运转的各项指标,检查人员在位和装备器材储备情况,及时发现并处理系统建立过程中出现的问题。

3.4.3　系统监测、调整和转移

在试验任务实施阶段,试验指挥系统开设运行后,其工作重点包括以下两方面。

(1)持续监测系统运行状态。其主要工作包括:对整个系统、各分系统的整体运行情况、运行环境的监测,对各分系统内各种终端设备、交换设备、接口设备、显示设备等的工作状态监测,对各分系统之间连接及信息传输情况的监测,对各类传输信道、网络信息流量和拥堵阻塞情况的监视,对各种计算机软件系统运行情况的监控等。

(2)适情组织系统调整、转移。应根据首长指示和试验任务情况的变化,适时、安全、迅速、有序地组织系统的调整转移。组织系统调整转移,应明确调整转移的人员和设备编组,转移的位置、方式和路(航)线,行动顺序和起止时间,各种保障措施及转移后的任务等。在组织系统调整转移时,应着重把握以下几点:①根据首长指示,迅速拟定计划,周密组织实施。②迅速组织系统重新开设与运行。③系统转移后,立即报告上级和通报所有参试单位,并迅速展开工作。

3.4.4　系统撤收工作

在试验任务结束阶段,试验指挥系统的表现形式为装备试验单位现行编制的行政机构,按照现有职能分工开展航天装备试验结束阶段的组织指挥工作。

试验指挥系统工作重点包括以下两方面。

(1)组织系统撤收及维护。在所有试验项目结束后,及时组织系统撤收,做好指挥信息备份存储,开展系统维护和检修工作。

(2)组织系统运用总结。针对系统运行情况,开展系统运用工作总结,积累经验,查找不足,提出改进措施。

第4章　航天装备测试测量系统

测试测量是航天装备试验的一个重要环节,测试测量系统是航天装备试验中获取试验数据不可或缺的重要技术手段。航天装备试验任务所需的测试测量系统种类很多。本章主要介绍航天领域的测试发射系统、测量控制系统和典型测量控制系统设备。

4.1　航天测试发射系统

4.1.1　基本概念

1. 航天测试

航天测试是对航天器、运载器等系统的参数和性能进行检查和测量,实现对系统技术状态的确认。通常采用总线测试,目的是连续、动态地掌握各系统的工作参数和稳定性。

测试是航天器发射的一个重要环节。航天器从进入发射区到实施发射,每一个环节都要进行测试,以定性、定量验证和检验航天器系统的功能是否正常,性能参数是否满足规定要求,并能及时发现并解决问题、消除故障和隐患,从而使系统处于良好的工作状态,保证试验任务成功。

从被测对象的层次划分,航天测试可分为单元测试、分系统测试、匹配测试和总检查测试4类。

从被测对象的性质划分,航天测试可分为非电量测试和电量测试。其中,非电量测试包括箭体结构与动力系统的温度、压力、强度、振动、流量和气密性等测试;电子系统的电量测试包括控制、遥测、外测、安全、推进剂利用等系统的电量测试和电磁活门与电爆活门的电量测试。

2. 航天发射

航天发射是按照发射窗口和规定的发射程序,在发射指挥控制中心的指挥、控制下,利用运载器将航天器运送到预定轨道的过程。

航天发射的基本要素包括发射方位角、发射场位置、发射窗口等。

(1) 发射方位角。

发射方位角定义为发射点天文北方向与运载器速度水平方向的夹角。在同一个发射场发射不同轨道的航天器,需要不同的发射方位角。从发射方向来看,航天器一般向东发射,从而可利用地球自转速度节约发射动力消耗。

（2）发射场位置。

发射场位置对航天发射任务的影响主要体现在航天器轨道倾角和地球自转角速度的利用效率两方面。同时,还相应影响地面测控设备的布站、运载器残骸落点选择位置等。

（3）发射窗口。

发射窗口是指允许发射航天器的时间集合,该集合的大小称为发射窗口的宽度。发射窗口包括年计发射窗口、月计发射窗口和日计发射窗口。影响发射窗口的主要外界条件大体分为以下4类。

① 天体运行轨道条件。以探测某一天体(如太阳、月球、行星等)为目的的空间探测器要与目标天体接近或相遇,必须在地球与目标天体处于一定的相对位置之前或之后的某个时间内瞄准发射,如果错过这个时间区间,则地球与目标天体之间的位置就会发生变化,发射窗口和飞行路线也随之改变。

② 航天器的轨道要求。近地轨道航天器的交会和对接及用多颗非静态轨道的通信航天器和导航航天器组成专用网,都必须根据轨道分布的要求,严格按照规定的时间范围发射。

③ 航天器工作条件的要求。执行各种任务的航天器往往要求航天器、地球、太阳之间有一定的相对位置,而航天器有特定的姿态,以保证其设备能正常工作和完成预定任务。

④ 其他工作条件。地面观测的需要、航天器返回地面时的光照及气象条件。

3. 航天发射方式

航天发射方式是指运载器的发射基点、发射姿态和发射动力等要素的有机集成。

发射基点是指发射对象及其发射装置发射时所处的位置。发射基点的选择取决于发射对象的结构和用途,分为陆基、海基、空基、天基4种基本形式。依据发射基点的位置,发射形式可分为陆基发射、海基发射、空基发射、天基发射。陆基发射形式是发射基点在陆地上的方式,它是最早诞生且目前使用最广泛的发射方式。其主要优点是发射准备比较方便。海基发射形式是发射基点在海洋中的方式,通常利用水面舰艇、水下潜艇、海上平台等作为机动发射平台。其主要优点是发射的安全性、机动性和隐蔽性好。空基发射形式是发射基点在空中的方式,通常利用航空飞行器作为机动发射平台。其主要优点是发射机动性好,可以充分利用航空飞行器的飞行动力获得发射初始速度等。天基发射形式是发射基点在地球外层空间的方式,通常利用航天器作为发射平台。其主要优点是发射机动性好、发射时引力束缚小、视野开阔,可充分利用航天器已有的轨道运行速度。

发射姿态是指发射对象离开发射装置时的姿势状态。一般分为倾斜发射、垂直发射、水平发射 3 种。

发射动力是使发射对象离开发射装置的力量。发射动力的选择主要取决于发射对象的用途和设计,可以分为外力发射、自推力发射和复合发射 3 种,也可以分为自力发射、弹射、投射和复合发射等。

4.1.2 系统功能与组成

1. 系统功能

运载器地面测试发射系统的主要任务,是完成运载器的单元测试、分系统测试、匹配测试、总检查测试,对测试数据进行处理与监测,按照临射程序实施点火发射。一个性能优良的测试发射系统,通过设置科学的测试方法和测试项目,能够对运载器的状态进行全面合理的检测,实现过程自动化、操作人性化、测试结果和故障处理智能化、测试数据显示实时化和多媒体化。

运载器地面测试发射系统的主要功能包括以下几方面。

(1) 具有远距离测试和发射控制能力。

(2) 具有自动和手动两种发射方式及地面实施紧急关机的能力。

(3) 具有测试发射状态控制、测试激励信号加载、数据采样与测量的能力。

(4) 具有数据传输与接收、数据与状态显示及向指挥监控系统实时传送测试数据的能力。

(5) 具有遥测数据实时处理、数据资源共享的能力。

(6) 能够对测试发射过程中出现的问题进行故障诊断与处理。

2. 按功能划分系统组成

按功能划分,航天测试发射系统主要由参数测试、网络传输、综合数据处理和分析、发射控制、故障诊断、态势估计和智能决策六部分组成。

(1) 参数测试。

主要由检测和测量设备组成。测试信号分为以下三类。

模拟量:检测各类模拟信号,由相应类型的传感器转换成电信号,经过 A/D (模/数)转换器,将模拟信号转换成方便计算机接收处理的数字信号,通过测试设备由网络传送到计算机。

数字量:待测的某些数字量通过传感器转换成二进制信号,经过放大(或衰减)以与接口电路的要求相适配,再经过测试设备由网络传送到计算机。

开关量:当行程开关或者限位节点接通时产生的突变电压就是开关量。待测的各类开关信号,由测试设备将其转换成直流电压,然后经由网络传输到计算机。

(2) 网络传输。

采用数据总线结构,具备可靠性高、实时性好、开放性和容错性强等特点,能够实现地面测试、发控、综合诊断等一体化设计,有效地简化系统结构,减少中间环节以提高系统可靠性和工作效率,缩短发射周期并提高发射成功率,有利于综合测试的小型化、模块化、通用化、自动化、可视化和智能化,提升系统的整体性能。

（3）综合数据处理和分析。

根据测试数据,分析参数的数据完整性、一致性和相关性,并从数据多源融合的角度提高数据处理与分析的质量。

（4）发射控制。

后端手动或自动发出指令,前端响应后端指令,控制运载器上设备工作,完成相关测试及发射前准备工作。

（5）故障诊断。

在各分系统测试、综合测试等环节中,需要运用测试数据对运载器进行故障诊断、排查和性能评价,及时对故障进行检测、诊断和定位;支持安全控制分析和决策,需根据遥测数据分析运载器的参数变化趋势和工作情况,实时诊断异常工况和进行安全评估。

（6）态势估计和智能决策。

针对运载器安全控制及应急保障,进行发射飞行安全的仿真模拟和现场态势分析,建立发射场完善的组织救援体系、故障处置方案和应急措施,实现快速应急决策。

3. 按设备布置处所划分系统组成

按设备布置处所划分,航天测试发射系统主要分为前端设备和后端设备两部分。前端设备主要放置在前置设备间、前置电源间、塔上测试间和塔架工作平台;后端设备主要放置在后端测试发控大厅。

前置设备间的设备主要包括前置数传机柜、控制配电机柜和部件等效器等。前置数传机柜包括机柜电源、交换式网络集线器、以太网光端机、箭地通信光端机、监视图像光端机和光缆接线盒等。控制配电机柜包括电源遥控组合、可编程逻辑控制器、发控驱动电路、点火与紧急关机组合、调瞄组合、系统等效器等。部件等效器包括箭上线路等效器和仿真箭机等。

前置电源间的设备主要包括直流电源、中频逆变电源等。

塔上测试间的设备主要包括火工品等效器、VⅪ采集机箱、VⅪ控制机箱、前置计算机、测控信号转接盒和供电电源。

塔架工作平台的设备主要包括Ⅰ级、Ⅱ级(部分运载器有Ⅲ级)信号转接盒。

运载器主要由控制系统、遥测系统、外测安全系统、推进剂利用系统和动力系统组成,一个典型的运载器地面测试发射系统主要包括控制、遥测、外测安全、推进剂利用、动力等测试系统,完成运载器发射前各项测试和准备工作,确保其系统功能、性能正常。在进入临射程序后,以控制系统为核心,实现运载器的发射控制。

采用远距离测试发控方式,保证运载器测试发射人员的安全。运载器地面测试发射系统通过运载器总体网与测试发射指挥监视分系统相互配合,共同完成测试发射任务。典型航天测试发射系统组成如图4-1所示。

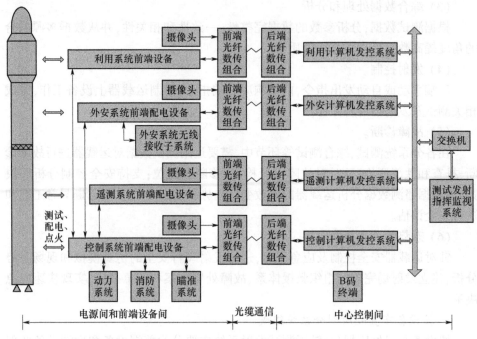

图4-1 典型航天测试发射系统组成

4.1.3 系统发展趋势

随着技术的发展,航天测试发射系统未来必将呈现"一体化、智能化、远程化、快速化"的趋势。

1. 运载器电气系统一体化设计技术

通过运载器电气系统一体化设计,可以大幅减重,提高运载能力。同时,可实现对全箭关键参数、关键状态的实时诊断功能。对于特定故障模式,由箭上故障诊断系统自主诊断、自主智能处理。在飞行过程中可以实现各设备、系统间的信号传输,以及信息传输链路的冗余备份,提高系统的可靠性。

2. 运载器设备智能化检测技术

运载器设备的智能化一方面是指设备的自检测能力;另一方面是指测试接口的标准化。设备自检测能力的提升可以缩短单元测试的时间,而测试接口的标准化有利于电气系统的快速自测试。不仅可以大大减少测试相关人工操作步骤,还可以实现测试全过程前端无人值守。

3. 远程测发控技术

通过在前、后方建设数字化的测试监测及信息应用系统,对前方发射场数据完整映射,再现运载器在发射场的发射工况,后方设计人员同步掌握发射场动态。将部分问题转移到后方解决,减少参加发射场飞行试验的人员数量,充分利用后方的智力资源与充足的软硬件资源,缩短故障排查周期。

4. 测发流程优化技术

测发流程优化技术可实现缩短测试时间,提高效率,主要包括并行测试技术、测试项目综合优化技术等。

并行测试技术是对多个被测对象同时测试,相比传统的顺序测试技术,它可以通过对系统资源的优化利用大幅度提高测试效能及测试质量,提高测试资源利用率,缩短运载器控制系统的测试时间。

测试项目综合优化技术是将传统的单元测试、分系统测试、综合测试项目进行整合、优化,减少重复性的测试项目,从而缩短测试时间。

4.2　航天测量控制系统

4.2.1　基本概念

航天测量控制简称航天测控,它是保证航天器正常飞行必不可少的技术手段。完成航天测控任务的基本手段就是航天测控系统。确切地说,航天测控系统是指在航天器飞行的各个阶段完成对其测量和控制两大任务的技术系统。它是航天系统中天、地两大部分之间联系的唯一通道,其基本任务包括跟踪测量(tracking)、遥测(telemetering)、遥控(command)三个方面。

1. 跟踪测量

跟踪测量是航天测控系统的首要功能。它是指利用测量站的角度跟踪环路、距离跟踪环路、速度跟踪环路对飞行器的飞行轨迹进行跟踪测量,简称"外测"。跟踪测量主要利用无线电设备和光学设备对飞行轨道参数(如坐标、速度、加速度等)进行精密测量,获得其运动信息,以掌握、预报飞行器的轨迹和运行状态。

2. 遥测

遥测是一般测量的延伸,是指远距离对被测对象进行间接测量。遥测是在航天器和导弹体内,采用各种技术手段就近测得其内部的工作状态参数、各种工程参数、环境参数等,然后将这些参数转换为无线电信号,远距离传输到地面测控站,再进行解调,处理还原出原参数数据,并进行记录和显示。相对于外测而言,这种测量简称"内测"。

遥测是航天测控系统的重要组成部分,对航天器的发射和运行具有举足轻重的作用。在飞行试验过程中,根据遥测数据,发射场指挥人员和导弹设计人员可及时了解飞行器各系统的工作情况与实际飞行条件下的性能。对于地面试验无法模拟或无法完全模拟的一些性能数据,可依靠飞行试验的遥测数据得到补充和修正。一旦飞行器飞行失败和出现局部故障时,采用遥测数据对故障进行分析,能快速准确地实现故障隔离和故障诊断,从而采取相应的措施。在航天器发射及其入轨后的运行中,利用遥测分系统监视航天器设备的工作状况,通过遥测参数计算出航天器的姿态参数,为遥控调姿提供参考数据。载人航天时,还可以监测航天员的生理参数、生活环境参数等,以保障航天员的生命安全。此外,航天器上的 GPS 测量数据,以及应用航天器上某些有效载荷测到的信息也通过遥测传送到地面。遥测信号的传输距离通常是几百千米到几千千米,甚至数亿千米,因此遥测设备一般都是无线电测量设备。

3. 遥控

遥控是指对航天器实现远距离控制。在航天测控系统中,将地面的控制指令转换为无线电信号,远距离传输到飞行器,实现对它们的控制。按用途的不同,遥控分为安全遥控和航天器遥控。在载人航天任务中,还有航天员的逃逸遥控系统。安全遥控用于导弹及运载器发射过程中的安全控制,即当飞行目标出现故障或偏离飞行轨道时将其炸毁以终止飞行,作为飞行器自毁系统的备份手段,简称"安控"。这种安控指令具有保密性高、实时性强、执行任务时间短、指令内容少等特点。航天器遥控主要包括:用于航天器变轨、交会、回收等的轨道控制,用于姿态控制以及备份件切换和开关的控制,用于航天器的数据注入和启动航天器的自主程序等。其主要目的是保障航天器的正常工作与运行。航天器遥控指令具有内容多、执行任务时间长和要求复杂等特点。逃逸遥控与运载器安全遥控在很多方面具有相似的特点和要求。

上述三个基本任务是统一综合在航天测控系统中,相辅相成地共同构成一个具有信息反馈的控制系统以完成航天测控任务。其中,跟踪测量和遥测完成数据的采集和反馈,遥控完成控制。在执行指令前和执行后都要利用遥测将航天器上收到的指令送回地面进行比对、校验,以保证遥控的绝对正确。

4.2.2 系统功能与组成

1. 系统功能

航天测控系统在航天器发射、运行、返回阶段中的任务与技术要求,因航天器的设计、用途及对测控系统的约束条件不同而存在差异。其归纳起来主要有以下功能。

(1) 对运载器及航天器进行测量监视,当需要进行控制时,发出相关指令。

(2) 对航天器进行轨道和姿态控制,确保其按预定轨道和正确姿态运行与返回。

（3）对航天器上仪器、设备进行控制，使其完成规定的操作。

（4）为各级指挥系统提供监视、显示信息。

（5）为评价和分析运载器与航天器的技术性能和改进设计提供数据。

（6）为地面应用系统提供有关数据。

具体而言，航天测控系统的各个组成部分分别承担以下任务。

（1）跟踪测量系统用于获取航天器的轨道参数和物理特性参数，拍摄和记录运载器的飞行状态（含姿态）图像。

（2）遥测系统用于获取飞行器的工作状态和环境数据，航天器上仪器的测控数据也通过遥测链路下传。

（3）遥控系统用于运载器的安全控制和航天器的轨道控制、姿态控制及航天器上仪器、设备的工作状态控制，或向航天器上计算机注入数据。

（4）实时计算处理系统用于实时计算测量系统获取的信息，为指控中心提供显示数据，以及为测控设备提供引导信息。

（5）监控显示系统用于指挥人员观察航天器的发射过程及飞行实况，以便实施指挥控制。

（6）事后数据处理系统用于精确处理运载器或航天器轨道数据和遥测数据，提供处理结果报告。

（7）航天测控系统还需要通信系统和时间统一系统支撑。通信系统把各级指挥中心、发射场区、返回场区、测控站联系起来，完成各种数据、话音、图像等信息的传输。时间统一系统为各种测控设备提供统一的时间基准和频率基准。

2. 系统组成

一般来说，测控系统由跟踪测量、遥测、遥控、实时数据处理、监控显示、时间统一、通信、事后数据处理等分系统组成，如图 4-2 所示。

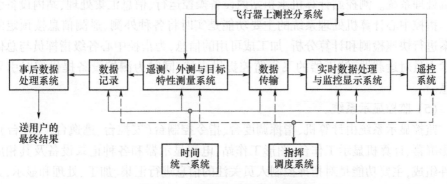

图 4-2　航天测控系统组成示意图

（1）跟踪测量系统。

跟踪测量系统包括光学测量系统和无线电外测系统。光学测量系统利用光学信号对运载器进行飞行轨迹参数测量、飞行状态（含姿态）景象拍摄记录和物理特性测量，测量设备主要包括高速摄像（影）仪、光电经纬仪、光电望远镜、红外辐射仪、光电一体测量仪等。其具有直观性强、交会定位精度高、不受地面杂波干扰等优点，但易受气象条件制约，在航天发射场主要用于初始段交会测轨、实时图像监视。无线电外测系统利用无线电信号对运载器、航天器进行跟踪测量，确定其轨迹和弹道、目标特性等参数。无线电外测系统具有全天候工作、测量精度高、作用距离远、测量数据实时性强等优点，已成为航天测控系统主干设备。无线电外测系统根据测量体制分为脉冲测量系统和连续波测量系统（连续波雷达、微波统一系统等）。

（2）遥测系统。

遥测系统是完成飞行目标遥测功能的设备组合，一般由输入、传输、终端三部分设备组成，用于获取运载器、航天器的工作状态参数、环境数据。遥测设备主要包括 S 波段遥测设备、微波统一系统、超短波设备等。

（3）遥控系统。

遥控系统是指安全遥控系统和航天器遥控系统，它是利用编码信号对运载器、航天器进行远距离控制的设备组合，完成对运载器发射时的安全控制和航天器的轨道控制、姿态控制与工作状态控制。遥控指令由计算机生成并传输至遥控台，经调制后发向目标，目标接收、解调、译码后，送执行机构完成控制任务。遥控设备主要包括超短波安控设备、微波统一系统等。

（4）实时数据处理系统。

实时数据处理系统由计算机硬件和通用、专用外部设备以及相应的软件组成，实时对测量数据进行加工、计算，按功能与规模可分为测控站计算机与指控中心计算机处理系统。测控站计算机承担站内设备操控运行、信息汇集处理、站内设备引导。指控中心计算机处理系统的主要功能是实时将各种外测、遥测信息按预定的方案进行快速检测和计算分析，加工成可用的信息，为指控中心各级指挥员与总体技术人员对运载器、航天器的飞行监控提供支持，同时为测控设备提供实时引导信息。

（5）监控显示系统。

监控显示系统由计算机、指挥调度台、指令控制台（安控台、逃逸台、飞控台）、投影屏幕、计算机显示工作台、图形工作站、电视显示器和各种记录设备及其相应软件组成，主要功能是对指挥控制人员关注的信息进行汇集、加工、处理和显示，为其决策、指挥、控制提供依据。监控显示系统实时接收数据处理系统数据与实况监视信息，将有关指挥决策信息以文本、曲线、图表、图像等形式显示给指挥控制人员,让其对运载器和航天器工作状态做实时分析和判断,以便实施指挥控制。

（6）时间统一系统。

时间统一系统由定时接收机、标准频率源、时间码产生器等设备组成,为各种测控设备提供统一的时间基准和频率基准。

（7）通信系统。

通信系统包括通信线路(电缆、光缆、微波)、信源终端、用户终端、数传设备、交换设备和时间统一系统等,主要功能是将发射场区、测控站、指控中心联系起来,为终端用户传送数据、话音、图像、调度等信息。

（8）事后数据处理系统。

事后数据处理系统由计算机、判读仪、磁带(盘)记录重放设备、频谱分析设备、数据储存设备、打印显示设备及相应软件组成。飞行试验任务结束后,对外测、遥测、目标特性测量及实况记录等信息进行精确处理,为飞行试验的分析、评定提供依据,并向航天装备研制与试验相关单位提供数据处理结果报告。

除上述主要分系统外,测控系统还包括完成任务不可缺少的支持分系统,如大气探测、大地测量、供配电等系统。

4.2.3　系统发展趋势

几十年来,航天技术飞速发展,在轨航天器日益增多,航天测控系统呈现如下发展趋势。

1. 地基测控系统向天基测控系统发展

目前,航天器在轨管理工作主要由地面测控网承担,随着航天器数量日益增多,地面测控任务也日益繁重。航天技术不断成熟,利用高轨航天器完成中、低轨道航天器高性能测控成为现实,从而产生从地基测控向天基测控的重大变革。

天基测控是指利用高轨航天器的转发功能或其发射信号完成对中、低轨道航天器全部或部分测控任务的技术。通过天基测控,可实现地面在轨管理工作逐步由航天器自主完成,从而减少地面测试设备数量,简化地面人员测控工作。

近年来天基测控不断发展,航天器导航定位将成为中、低轨道航天器测控通信的重要手段。抬高测控站的位置可明显增加对中、低轨道航天器的测控通信时间。

2. 大力发展随遇接入测控技术

当前,随着世界各国航天器数量急剧增加,航天器在轨管理任务日益繁重,天线波束数量也不断增多,统筹调动复杂,对航天器故障响应能力有限。因此,在测控和运控地面站网整合的基础上,需要大力发展随遇接入测控技术。随遇接入测控技术主要是指航天器进入任何一个测控节点可视范围后,自动、快速建立天地链路、接入测控网络的技术。

3. 不断提升测控通信安全管控能力

当前,国际网络空间安全威胁与挑战与日俱增,新型安全威胁不断增加,特别是新型病毒、网络攻击武器等,给测运控系统的安全带来威胁。同时,测运控系统对外接口复杂,与诸多民用用户存在信息交互关系,国际合作、国际联网需求旺盛。这些使得测控通信问题日益突出,需要不断加强测控通信安全管控能力,提升"抗截获、抗干扰、抗损毁"和"防入侵、防窃密、防盗用"能力。

因此,在天地链路上可大力发展链路干扰感知与自适应防护技术,如宽带扩频、跳频测控技术等。在测控通信网络方面,可发展动态智能安全防御技术,实现从静态防护到体系化主动防护;可基于大数据技术,实现通信网络威胁深度检测与分析,包括行为分析、攻击分析、角色信息关联等,形成安全监测预警、追踪溯源和安全主动防御能力。

4. 不断提升地基测控系统维修保障能力

当前,地基测控系统维修管理问题突出。一方面,系统地域分布广、环境恶劣,维修维护难度大;另一方面,系统一般为 24 小时在线工作,对装备的可用度及维修维护的时效性要求高。这对地基测控系统维修保障能力提出了较高要求。因此,要加强装备健康状态参数设计与信息采集、自动监测与告警、故障预测与诊断、远程维护、基于 AR 的装备远程巡检、大数据处理与分析等方面的技术研究,大力发展地基测控系统健康状态管理技术,构建地面站、站网管理中心、研制单位一体的装备在线运维体系,实现研制单位对所研装备的在用监测、远程技术支持、全寿命服务。不断创新地基测控系统保障技术模式,提高航天测控系统保障效益。

4.3 典型航天测控系统设备

航天测控设备是构成航天测控系统和航天测控网的基本单元,也是航天测控工程的重要组成部分和物质基础。为熟悉航天测控系统各种常用设备的工作用途和基本性能,在此系统介绍一些典型设备。

4.3.1 光学测量设备

光学测量设备主要指以光学成像原理采集飞行目标信息,经处理得到所需飞行轨迹参数与目标特性参数,并获取飞行实况图像资料的专用测量系统,它是航天测控系统的重要组成部分。

光学测量设备可对飞行器进行飞行轨迹测量和实况记录,供故障分析和监视之用。空间目标监视系统也用大型光学测量设备进行空间目标的跟踪测量、目标外形测量、光度及光谱测量,以此完成非合作空间目标的精密轨道测量和目标识别。

1. 工作用途

根据光学测量系统的特点和地位,其具体作用如下所述。

(1) 弹道和轨道测量。

光学测量设备采用多站交会或单站定位体制获得飞行器的高精度弹道或轨道参数。高精度弹道参数是评定飞行器系统性能指标、分析飞行器故障的重要依据,也是安全控制的实时信息源。此外,还可以鉴定与校准无线电测量设备的精度。

光学测量设备也可用于在轨空间目标的测量,通过在轨目标相对于测站的精确角度值和时间信息,可以为空间目标精密定轨提供重要信息源。高精度的激光测距设备,在星载激光角反射器的配合下,可得到厘米级的测距精度,由此可获得分米级的定轨精度,这样高的精度可作为精密轨道确定技术的验证手段。

(2) 飞行实况记录。

光学测量设备以摄录图像的方式记录运载器点火、起飞、离架、程序转弯、级间分离、航天器返回时的实况。记录的运载器运动状况及异常现象,可供实时监视与事后复现,为飞行器性能评定和故障分析提供实况资料。此外,借助弹体上的标记还可测量运载器起飞时的离架漂移量和姿态滚动量。

(3) 物理特性参数测量。

光学测量设备可测得在轨航天器的光度和红外辐射等物理特性参数。光度特性测量设备主要测量空间目标反射的太阳光,以及大气层反射的太阳光与地球反射的太阳光综合作用于空间目标的反射光;红外辐射特性测量设备主要测量空间目标自身发出的红外辐射、反射的大气红外辐射与地球红外辐射。通过对空间目标物理特性参数的测量,能够对空间目标进行有效识别。

光学测量系统具有如下优点:测量精度高;可测量飞行目标的光辐射特性参数;可获得飞行目标影像,直观性强,并可事后复现;不受"黑障"和地面杂波干扰影响等。但与无线电测量设备相比,光学测量设备的作用距离较近,并易受气象条件的限制。

航天器在轨运行期间,光学测量设备可对其进行观测的时间范围与观测站的通视情况、光学设备的探测能力、航天器视亮度、观测仰角、天光背景亮度等因素有关。由于航天器的运行轨道具有一定的周期性,因此可以提前知道某观测站的光学测量设备能够进行观测的时间范围,也就是通常说的"光学可见期预报"。其具体方法为:根据观测站地理位置和航天器理论轨道估算观测站对航天器的通视时间范围,再分析航天器可见的观测仰角,最后计算出满足观测要求的时间范围。

2. 主要分类

根据光学测量设备在航天装备试验中的功能和作用,可分为如下四类设备。

(1) 弹道测量设备。光学测量设备中用于弹道测量的包括光电(电影)经纬仪、弹道相机、宽角相机及激光雷达等,其中光电经纬仪兼有实况记录功能。这类设备是光学测量设备的主体,一般具有组成复杂、测量精度高、作用距离较远等特点。

（2）飞行实况记录设备。飞行实况记录设备主要包括电影与电视跟踪望远镜、光学跟踪架、高速摄影机、高速摄像机等。电影与电视跟踪望远镜除了用于飞行实况记录外,还可测量遭遇参数和姿态参数。该设备一般具有摄影频率高、焦距长等特点,适用于中远距离拍摄。光学跟踪架、高速摄影机和高速摄像机具有机动性强、布站灵活等优点,适用于近距离拍摄。

（3）物理特性参数测量设备。物理特性参数测量设备主要包括光度计、光谱仪和红外辐射测量仪。

（4）事后信息处理设备。事后信息处理设备包括胶片洗片机、胶片判读仪、干板坐标测量仪、视频判读仪、放映机及翻拍机等。判读仪是事后信息处理设备中的主体,故也称事后判读处理设备。胶片判读仪能测量胶片上目标像点相对十字丝的偏移量,并读取点阵信息(时间、距离、角度、状态);干板坐标测量仪能精确测量照相干板上的光标点、天文星点和空间飞行目标轨迹的像点坐标;视频判读仪对电视等测量系统记录的视频信息进行再测量。

3. 弹道类测量设备——光电经纬仪

光电经纬仪是由电影经纬仪发展而来的。电影经纬仪是一种复杂而又精密的光学仪器,可以简单地把它看作是经纬仪机架加上电影摄影机,用电影记录的方式代替人眼的目视观测。由于被测目标是运动的,因此电影经纬仪还必须配置一套随动系统,以操作经纬仪在方位和俯仰两个方向转动,从而使电影摄影机光轴指向空中任意方向的目标。如果在电影经纬仪上加装激光测距系统或电视、红外装置就成为光电经纬仪,可实现单台定位、实时测量,并对目标进行自动跟踪。

光电经纬仪主要通过电视、红外、激光自动跟踪实时测出目标偏离光轴的脱靶量(或事后对视频图像、摄影胶片进行判读获得脱靶量),激光测距机测出目标的距离,以及测角系统(编码器)测出光轴的方位角、俯仰角,实现单站精确测量弹道。也可以利用多台设备的角度测量信息或测距信息交汇处理得出更高精度的弹道参数。除了完成外弹道测量外,大多数光电经纬仪还可兼顾姿态和遭遇参数测量及实况景象记录等。光电经纬仪在输出测角信息和测距信息的同时,不但可以实时输出跟踪过程中的目标视频图像,而且可以对这些景象进行视频存储,通过事后进行判读,获得目标姿态、遭遇参数等信息。光电经纬仪设备基本组成如图 4-3所示。

（1）跟踪机架。

跟踪机架是一个二维运动的精密跟踪平台,用以承载光电经纬仪的各个部分,包括主摄影系统、测角系统、传动系统、测距系统和红外、电视跟踪系统及瞄准镜等。其特点是刚度好、轴系精度高,能确保光电经纬仪对飞行目标具有快速捕获、

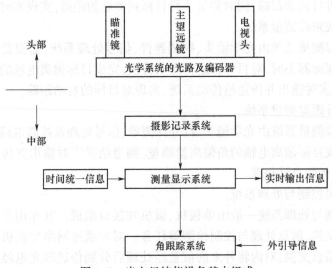

图4-3　光电经纬仪设备基本组成

高速平稳跟踪和获取高精度测量数据的功能。

（2）主摄影系统。

主摄影系统由主光学系统、调光调焦系统、十字丝投影系统、摄影机、输片机构、摄影控制系统等组成。其中,主光学系统对飞行目标及点阵信息进行同步摄影记录;调光调焦系统的作用是使不同距离的目标均能在胶片上清晰成像,并确保成像质量。十字丝投影系统作为视准轴的表征,以此来测量目标偏离视准轴的角偏差量。

（3）测角系统。

测角系统包括方位测角系统和俯仰测角系统,每个测角系统由光机和电控两部分组成。光机主要由基板、光源、分光系统、码盘、狭缝、光电器件组成,完成机械轴角到电代码的转换。电控部分由单片机(或微机)、处理电路组成,完成电代码的采样、放大、码型变换、细分校正及输出与显示。

（4）跟踪系统。

跟踪系统主要由力矩电机、测速机、跟踪器、编码器、微机和传动放大器等组成,使光电经纬仪完成对飞行目标的跟踪任务。跟踪方式包括:操作单杆(或手轮)进行半自动或人工跟踪,接收引导信息进行随动跟踪,接收电视、红外、激光测角信息进行自动跟踪。

（5）激光跟踪测量系统。

激光跟踪测量系统由激光器、激光发射装置、激光接收装置及处理电路等组成。它完成对飞行目标偏离电轴的角偏离量的测量,测量结果实时输出并传送给传动系统以进行自动跟踪,同时测量飞行目标到测站的距离,实现实时单站定位。

（6）电视跟踪测量系统。

电视跟踪测量系统由光学镜头、探测器件、信号处理系统、监视器等组成。当目标成像在探测器上时,对目标像进行光电转换,完成目标偏离电轴的角偏离量测量,测量结果实时输出并传送给传动系统,实现对目标的自动跟踪。

（7）红外跟踪测量系统。

红外跟踪测量系统由光学镜头、红外探测器、信号处理及控制电路组成。它完成目标探测及目标偏离电轴的角偏离量测量,测量结果实时输出并传送给传动系统,实现对目标的自动跟踪。

（8）微机控制与处理系统。

微机控制与处理系统一般由单板机、微机和接口组成。其作用是完成光电经纬仪的数据交换、信息处理与控制检测等任务。对外通过网络交换机与测控中心计算机进行信息交换;对内将外来的信息经处理后分别传送到光电经纬仪各相关分系统,同时还可产生模拟时统及控制信号,供本系统自检或调机用。微机控制部分是光电经纬仪的控制中心,各分系统的协调、数据采集与传输、工作方式的切换及检测处理等均在微机系统控制下进行。

下面介绍光电经纬仪的测量原理。

为了确定空间目标的位置,首先以测量点为中心,建立站心坐标系,如图4-4所示。该坐标系的定义为:原点 O 为站址,假设在参考坐标系中的坐标为 X_o、Y_o、Z_o。Y 轴垂直于当地水平面,OXZ 平面与地面相切,X 轴指向正北,Z 轴按右手坐标系给出。上述坐标系通常被称为地平坐标系。

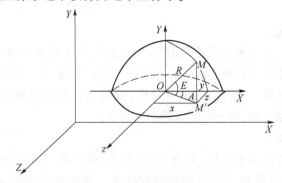

图4-4 单站定位示意图

如空间目标某一时刻的位置在 M 点,其在水平面投影为 M' 点,连接 OM、OM'。要确定 M 点的空间位置,需测得 OM' 与 X 轴的夹角(方位角 A),OM 与 OXZ 平面的夹角(俯仰角 E),以及 O 点到 M 点的距离 R,则目标在参考坐标系中的坐标为

$$\begin{cases} X_c = X_o + R\cos E\cos A \\ Y_c = Y_o + R\sin E \\ Z_c = Z_o + R\cos E\sin A \end{cases}$$

上述测量方法通常为单站定位法,前提条件是距离 R 是可测的。如果距离 R 不可测,则使用交会测量法。

交会测量法是利用相距一定距离的两台或多台光电经纬仪,同时测量飞行目标的方位角 A 和俯仰角 E,加上已知测站的坐标,即可计算出飞行目标的地面坐标位置。

利用双站交会测量飞行目标坐标位置时,通常采用双站或多站经纬仪异址布站,在统一时统控制下,利用各经纬仪设备的光心和像点、弹道测量雷达的电波束组成的射线都通过空间物点,即各射线在物点相交的原理,可对空间物点进行交会定位,称为线线交会测量原理。其原理图如图4-5所示。

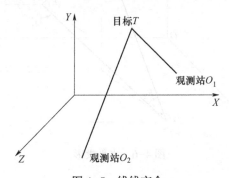

图4-5 线线交会

从理论上说,这些射线应该相交于一点,但在实际测量中,由于受经纬仪的结构、测角精度、大气折射、时间同步及对目标跟踪位置差异等影响,往往双站经纬仪中心与目标构成的空间射线不相交,即双站经纬仪中心和目标构成的空间射线与测量基线呈现异面关系。在交会误差较小时,这些射线近似相交于一点,通常认为此时两个测量设备与目标构成共面交会;反之,在交会误差较大时,这些射线不相交于一点,则认为此时两个测量设备与目标构成异面交会。

下面简要介绍双站(AE-AE)共面交会算法的基本原理。该算法是指先将某经纬仪中心和目标连线投影到某一平面上,计算出该投影的两个分量,再确定另一个分量。

根据投影面的不同,AE-AE 共面交会算法可分为水平投影法、垂直投影法和侧面投影法三种,通常采用水平投影法和垂直投影法。

水平投影法又称"L"公式,它是将目标投影到水平面上,先计算水平面上目标的两个坐标,然后确定另一个坐标。

垂直投影法又称"K"公式,它是将目标投影到垂直面上,先计算垂直面上目标的两个坐标,然后确定另一个坐标。

侧面投影法又称"M"公式,它是将目标投影到侧面上,先计算侧面上目标的两个坐标,然后确定另一个坐标。

被测目标轨迹较长时,跟踪式光学设备测量方位角、俯仰角变化较大,在测试数据处理时,若采用单一某种投影法交会计算不能满足测量精度要求,通常交替使用"L"公式和"K"公式,此方法称为综合投影法。

以水平投影法为例,如图 4-6 所示。

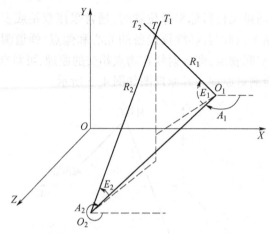

图 4-6　水平投影

测量方程为

$$
\begin{cases}
\tan A_i = \dfrac{Z - Z_i}{X - X_i} \\
\tan E_i = \dfrac{Y - Y_i}{\sqrt{(X - X_i)^2 + (Z - Z_i)^2}}
\end{cases}
$$

式中:A_i,E_i为测量站观测的目标方位角和俯仰角($i=1,2$);X,Y,Z为被测目标在测量坐标系中的位置坐标;X_i,Y_i,Z_i为测量站在测量坐标系中的位置坐标($i=1,2$)。

经过推导处理,可得到"L"公式为

$$
\begin{cases}
X = X_1 + \Delta x_1 \\
Y = Y_1 + \Delta x_1 \sec A_1 \tan E_1 \\
Z = Z_1 + \Delta x_1 \tan A_1 \\
\Delta x_1 = \dfrac{(X_1 - X_2)\tan A_2 - (Z_1 - Z_2)}{\tan A_1 - \tan A_2}
\end{cases}
$$

光电经纬仪的主要技术指标是指影响其性能的关键技术指标,如测角精度、测距精度、作用距离、光学系统焦距和有效口径、跟踪性能等。

（1）测角精度。

测角精度是指光电经纬仪测得的目标方位角、俯仰角测量值与真值的偏离程度。通常用均方根误差来表示,单位是角秒。

测角精度可分为静态测角精度和动态测角精度,也可分为事后测角精度和实时测角精度。静态测角精度是经纬仪在静止状态时角度测量值与真值的偏离程度;动态测角精度是经纬仪在跟踪运动目标状态下的角度测量值与真值的偏离程度。经纬仪在运动过程中会受到机械变形和随机因素的影响,因此动态测角精度一般低于静态测角精度。事后测角精度是指经纬仪在完成跟踪测量记录后,通过对视频图像或摄影胶片的判读处理,修正系统误差后得到的角度测量值与真值的偏离程度;实时测角精度是指经纬仪边跟踪边输出方位角、俯仰角的测量值与真值的偏离程度。具有电视、红外或激光测量脱靶量能力的光电经纬仪才有实时测角精度。目标视角不同以及目标姿态的变化会使每台经纬仪测量脱靶量的基准点不一致,加上某些误差难以实时修正等原因,实时测角精度一般低于事后测角精度。影响测角精度的因素可分为静态测角误差源和动态测角误差源两种。其中,静态测角误差源包括垂直轴误差、水平轴误差、视准轴误差、轴角编码器误差、零位差、定向差、脱靶量判读误差等;动态测角误差源包括动态拍摄的误差和其他动态变形引起的误差。按误差性质,上述各项误差可分为系统误差和随机误差。其中,系统误差中绝大部分可进行调整或修正,但经调整或修正后仍留有残差;随机误差具有随机性,不能修正,只能通过测量数据的平滑处理减小其影响。

垂直轴误差是指光电经纬仪的垂直轴偏离铅垂线的角量,源自调平误差和垂直轴系晃动误差。

水平轴误差是指光电经纬仪的水平轴与垂直轴不正交的角量,源自水平轴不垂直度误差和水平轴晃动误差。

视准轴误差是指光电经纬仪视轴线与水平轴线不正交的角量,源自视轴不垂直度误差和视轴在水平面与铅垂面的晃动误差。

轴角编码器误差是由轴角编码器的系统误差和随机误差产生,直接造成光电经纬仪的测角误差。其中,系统误差可以通过对径读数方法使其抵消,存留的残差较小。

零位差是指视准轴处于水平位置时,俯仰轴角编码器的值偏离零值的量值。

定向差是指视准轴对准大地北(或天文北)时,方位轴角编码器的值偏离大地北(或天文北)的角度值。零位差、定向差是可检测和调整的,并可在数据处理时加以修正,修正后的残差通常较小,可忽略不计。

脱靶量判读误差是指专用判读仪判读视频图像或摄影胶片上目标像点相对中

心(十字丝)的脱靶量时产生的测量误差。其主要包括焦距误差、目标瞄准误差、原点不重合误差及胶片收缩误差等。

动态测角误差增量是指光电经纬仪动态测角误差与静态测角误差的差值,主要来源于动态拍摄产生的误差,包括数据采样不同步误差、摄影快门不同步误差及快门像移误差。此外,还包括由速度、加速度引起的数字测角误差,由加速度引起的视准轴晃动误差,由负载引起的垂直轴晃动误差,受温度影响产生的不垂直度误差等。这些误差可由试验测定或凭实践经验估计,但实际上动态测角误差增量很难估算准确,因此通常按静态误差的15%~40%来估算。

(2)测距精度。

光电经纬仪上配装的测距仪包括激光脉冲测距仪和激光相位测距仪。相位测距精度取决于所选用的调制信号频率和相位的测量精度,通常测距精度可达厘米级。影响激光测距精度的因素包括大气折射修正残差、计数器计时误差、计数器晶振频率稳定度、激光主回波触发点变化、激光脉冲宽度变化及测距零值修正残差等。有关激光测距精度的分析详见激光测距机部分。

(3)作用距离。

光电经纬仪的作用距离包括:摄影作用距离,激光测距作用距离,电视、红外、激光跟踪作用距离。光电经纬仪主光学系统的电视作用距离是指在一定条件下能够跟踪测量目标的最远距离。影响作用距离的因素很多,各因素之间的关系也很复杂,特别是大气的透明度和宁静度对作用距离的影响最大。此外,光照条件的不同和目标特性的差异也会使其发生很大变化。因此,作用距离不仅与光学系统的性能参数有关,还与目标状况(目标大小、发光度或辐射特性)、外界环境(大气消光、大气抖动、天空亮度等)、接收器性能(灵敏度)等有关。

(4)光学系统焦距和有效口径。

焦距和口径是光电经纬仪的重要性能参数,不但决定了设备结构尺寸和造价,而且还直接影响其空间分辨能力和探测能力。通常焦距越长,测量距离越远,但相对视场角越小,跟踪范围越小。有效口径越大,探测能力越高,但设备规模越庞大,造价也越高。因此,要综合权衡选取合适的光学系统焦距和口径值。

(5)跟踪性能。

①工作范围。为适应各种场合使用,通常要求光电经纬仪的方位角转动范围为无限,俯仰角转动范围为-5°~+185°。

②工作角速度和角加速度。根据目标飞行的理论弹道和布站情况,计算出光电经纬仪工作时转动的角速度和角加速度。考虑到对偏离理论弹道目标(尤其是故障弹)的跟踪拍摄,将理论结果乘以一个系数作为光电经纬仪保精度的工作角速度和角加速度的指标。

③最小角速度。在跟踪过程中,光电经纬仪的跟踪角速度和目标相对于测量

站的运动角速度完全一致,即两者之间没有相对速度时,就能拍摄到清晰的目标图像。但在实际跟踪中,受设备性能和操作手跟踪技术水平所限,很难做到。因此,只能把相对速度限制在某个范围内,在此范围内可以认为相对速度对成像质量没有影响或影响很小。另外,在跟踪远距离目标或星体时,目标相对于测量站的运动角速度很小,若设备的最小角速度不匹配,则会造成目标像在光电接收面上来回摆动,产生像移,使像点弥散。因此,光电经纬仪最小角速度指标通常取 0.005 ~ 0.01°/s。

④ 最大角速度和最大角加速度。最大角速度和最大角加速度直接影响设备对意外情况的快速响应能力。例如,飞行中的目标突然发生故障,此时设备应以最大的角速度和角加速度跟踪故障目标,并拍下实况。因此,从测量要求出发,光电经纬仪的最大角速度和角加速度应越大越好,但考虑到实现的可能性,只能取适当值。该值一般远大于工作角速度和角加速度,但此时设备的测量精度也会随之降低。通常最大工作角速度≥20°/s,最大工作角加速度≥45°/s。

⑤ 跟踪精度。光电经纬仪的视场很小,需靠高精度跟踪来确保目标维持在视场内。根据需要一般要求在工作角速度和角加速度范围内,光电经纬仪的最大跟踪误差小于 3′。对于某些特殊用途的光电经纬仪,其跟踪精度要求更高,如航天器跟踪测量经纬仪,其跟踪精度往往要求在 40″以内。

以某型号光电经纬仪为例,其性能指标见表 4-1。

表 4-1 某型号光电经纬仪的基本性能参数表

指标项目		指标参数
主测量电视	作用距离	标准大气条件下,>250km
	测角精度	指向精度优于 10″
	口径	350mm
	焦距	1500mm、3000mm、4500mm
	探测器像元数	≥1024×1024
	摄像频率	40 帧/s 遂行扫描
	可见光图像记录时间	≥10min
	事后判读精度	<1/2 像元
激光测距系统	作用距离	≥300km
	测距精度	≤1m
	动态测距回波率	≥90%(R≤150km); ≥80%(160km<R≤300km)
	激光束散角	2mrad、3mrad

指标项目		指标参数
激光测距系统	重复频率	4Hz、10Hz、20Hz、40Hz
	同步精度	与时统同步精度 10^{-5} s
红外跟踪测量系统	作用距离	≥300km
	动态测角精度	均方误差≤20″(指向值)
	口径	≥200mm
	不平行度	<15′(与主测量电视)
	探测器波段	3~5μm
	像元数	≥320×240
	摄像频率	50帧/s、100帧/s
	红外图像数字记录时间	>20min
跟踪精度		最大跟踪误差≤3′,随机误差≤30″ (保精度角速度和角加速度范围内)
外部接口	中心机调制解调器	RS-232,2个
	时统B码终端信号	RS-422,1个
	外送视频信号	BNC,1个

4.3.2 雷达测量设备

雷达测量设备是一种无线电测控设备,也是航天测量控制系统的一个重要组成设备。该设备主要用于测量航天器的距离、角度、速度等信息,进而通过处理获得航天器轨道参数。

1. 主要用途

雷达(Radar)是利用各种无线电定位方法,根据被探测目标的回波探测、识别各种目标,测定目标距离、距离变化率或径向速度、方位、高度等,进而获得目标的坐标、形状特征和其他情报的装置。在试验任务中,雷达测量设备主要用于获取目标距离、方位、速度等信息,并计算出航天器的位置信息。

(1)测量距离实际是测量发射脉冲与回波脉冲之间的时间差,因电磁波以光速传播,据此就能换算成目标的精确距离。

(2)测量目标方位是利用天线的尖锐方位波束测量。测量仰角是利用窄的仰角波束测量。根据仰角和距离就能计算出目标高度。

(3)测量速度是雷达根据自身和目标之间有相对运动产生的频率多普勒效应原理。

在航天测控系统中,还使用航天器上的应答机转发的方式提高雷达的作用距离,称为应答式。

2. 主要特点

完成航天器轨道测量的设备有无线电和光学两大类。相比光学测量设备,雷达测量设备主要有如下优点。

(1) 全天候工作。

雷达测量设备通过向空间目标发射/接收自太空、目标的无线电射频信号进行工作,除了在电波传播路径上受大气衰耗影响之外,不像光学测量设备那样,严重地受制于能见度及气象条件,因此它是一种能够对目标进行全天候跟踪测量的系统,这一点对于靶场的安全控制系统尤为重要。

(2) 作用距离远。

如美国深空测控网(DSN),采用大口径、高效率、低噪声天线,以及低噪声接收,大功率发射和先进的信号处理等技术,可实现对月球、行星及星际间目标的探测。

(3) 实时性强。

雷达测量设备完成对目标(角度、距离、距离变化率)的稳定跟踪,即连续输出测角、测距、测速数据,并可根据事先获取的标校数据对测量值进行实时修正处理,以得到实时的高精度测量数据。

(4) 径向测量精度高。

虽然目前光测仍是靶场测量精度最高的测量设备,但是在雷达测量设备的中、长基线干涉仪中,采用高稳定的频率标准,从上、下行相参载波中提取多普勒频率,用以测量目标的径向速度信息,其径向距离差变化率的测量精度可达到优于0.001m/s。在对主、副站信号进行相参处理后,径向距离差测量精度优于0.1m。

与光学测量设备相比,雷达测量设备的不足之处包括:通常需要飞行器携带无线电合作目标配合工作,这无疑增加了系统的复杂性;雷达测量设备易受电磁干扰;被测目标再入大气层时产生的等离子鞘套会成为中断系统正常工作的黑障。

因此,无线电和光学这两大类测量系统相比较而言各有优缺点,谁也不能替代谁,形成了一种优势互补的完整测量体系。

3. 设备组成及工作过程

雷达测量设备一般由飞行器上设备和地面设备两部分构成。运载器、航天器上有应答机或信标机,以及相应的天线馈线;地面设备主要包括发射机、天线馈线、接收机、测速终端、测距机、角度伺服系统、监控显示器、计算机、频率综合器等。其设备组成如图4-7所示。

雷达测量设备的基本工作过程包括调制发射、接收解调、信息处理三大环节。测距信号诸如伪随机码、正弦波侧音、低重频脉冲信号等调制到高频振荡信号上,

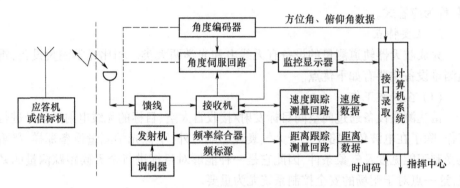

图 4-7 雷达测量设备组成

转换成电磁波经天线发射。雷达测量设备通常采用三种调制方式:脉冲雷达采用低频脉冲对载波进行幅度调制,使载波的幅度按低频脉冲重复变化;微波统一系统采用调频体制或调频调相体制;大部分连续波雷达采用调相体制。

发向空间的无线电波被运载器、航天器上的应答机接收并转发,或被目标直接反射回地面,也可由飞行器上的信标机直接发送无线电信号到地面。无线电信号的接收过程与发射过程相反。接收天线将收到的信号送入接收机,经检测、变换、放大,将原始的测距信号、多普勒频率、角度误差等进行解调,再将解调出的角误差信号以及角度编码器测得的目标方位角、俯仰角数据传送到角度伺服回路,在角度上对目标跟踪;将带有多普勒频移的信号送往速度跟踪测量回路,跟踪并提取接收载波信号的多普勒频移,测量目标的径向速度;将解调出的距离信号传送到距离跟踪测量回路,跟踪目标的回波信号,并测出接收信号相对于发射信号的时间延迟或相位差以获得目标的距离。所有上述测量数据,经过接口录取传送到计算机进行数据处理,记录显示所测参数,同时将测量结果送往指挥控制中心。

4. 主要性能指标

雷达测量设备的主要性能指标是指雷达跟踪测量范围(一般称雷达作用距离)和测量精度两方面,有时也将工作范围列入性能指标。其主要性能指标包括作用距离、跟踪范围、测距精度、测速精度、测角精度、工作频段、天线口径、发射功率、接收机灵敏度、接收机动态范围等。

(1) 作用距离。

雷达能够探测和定位的最远距离。作用距离与工作方式有关,一般应答式的作用距离远大于反射式的作用距离;作用距离还与发射机功率、接收机性能和天线增益等有关。雷达作用距离一般指雷达的最大发现距离和跟踪距离,它是雷达系统设计的基础。影响雷达作用距离的因素很多,其中很大一部分是随机性的,因此准确计算雷达作用距离相当困难。

（2）跟踪范围。

雷达能够跟踪航天器的方位、俯仰角度范围。通常，跟踪测量雷达要能在 0~360°的方位角范围内和 0~180°的仰角范围内正常工作。由于雷达在低仰角跟踪时受大气折射和多路径效应影响严重，因此难以达到精度指标要求。另外，高仰角时方位角的仰角正割补偿因子随仰角增加而急剧增大，使方位角的角速度和角加速度也急剧增大，当仰角接近 90°时，理论上方位角速度和角加速度趋近无穷大，使方位角支路跟踪不上目标。因此，通常测量俯仰角度的范围为 5°~75°。

（3）测距精度。

雷达进行距离测量时的误差值，包括系统误差和随机误差。测距系统误差源主要包括：距离零值不准，动态滞后误差，应答机和接收机延时值不稳定，对流层折射修正后残差。测距随机误差源主要包括对流层随机起伏、多路径误差、热噪声。

（4）测速精度。

雷达进行速度测量时的误差值，包括系统误差和随机误差。测速系统误差源主要包括：热噪声引起的测速误差，动态滞后误差，发射机频率不稳定引起的测速误差，校频器零点调整误差及零点漂移引起的测速误差。测速随机误差源与测距、测角的随机误差源类似。

（5）测角精度。

雷达进行角度测量时的误差值，包括系统误差和随机误差。其中，系统误差源主要包括：零值校正误差，轴系误差（雷达的方位轴、俯仰轴、机械轴、光轴、电轴之间不垂直或不平行等引起的测角误差），动态滞后误差（由于伺服带宽限制，影响天线快速旋转，致使跟踪滞后于目标运动），对流层误差（对流层折射率不均匀导致电波弯曲，从而引起仰角误差）。随机误差源主要包括：对流层不规则起伏所产生的角度起伏，且低仰角时较大；接收机热噪声引起的误差；多径效应引起的测量误差；编码器量化误差；传输误差；伺服噪声误差等。

（6）工作频段。

工作频段的选择不仅要考虑各种干扰、损耗对性能的影响及设备研制难易程度，还要考虑国内外测量设备的兼容性和联网的可行性等因素。航天测控雷达的工作频段通常有 P、S、C、X 等。

（7）天线口径。

在航天测控系统中，跟踪测量雷达通常采用由主反射体、副反射体和馈源组成的卡塞格伦天线，其主要技术指标是天线主反射的口径。当雷达工作频率和天线口径确定后，可按照一定原理计算出天线增益和波束宽度。天线增益、波束宽度是确定雷达作用距离和测量精度的重要参数。一般来说，高精度大型雷达天线口径为 9~10m，中精度中型雷达天线口径为 4~5m。

（8）发射功率。

发射功率是指雷达发射机输出功率,其取决于振荡管的功率容量。它是确定雷达作用距离的重要参数。可根据发射功率值选择相适应的功率管。

（9）接收机灵敏度。

接收机灵敏度是指雷达接收机输出规定信噪比的信号时,其输入端的最小可检测信号功率。它表示接收机接收微弱信号的能力,与接收机噪声系数密切相关,而接收机噪声系数是表示接收机内部噪声大小的数值,也就是接收机内部噪声使信噪比变坏的程度。接收机灵敏度是确定雷达作用距离的重要参数。

（10）接收机动态范围。

接收机的动态范围表示接收机正常工作所容许的输入信号强度的变化范围。接收机能够接收的最小输入信号强度一般定为接收机的灵敏度,其容许的最大输入信号强度取决于雷达工作要求。为了对强信号正常接收,接收机应具有一定措施以保证不发生饱和过载。雷达接收机的动态范围通常为60~80dB。

4.3.3 无线电遥控设备

遥控是对目标实施远距离的控制活动。实现这一功能的设备组合称为遥控系统。利用无线信道传输信息的系统,就称为无线电遥控系统,航天测控系统均采用无线电遥控。

1. 工作用途

遥控系统主要负责向飞行目标(运载器、航天器等)发送遥控指令和数据,改变和控制其状态和参数,它是实时控制回路不可缺少的主要组成部分。遥控系统主要包括以下功能。

（1）跟踪目标(外引导或自跟踪)。

（2）根据目标情况或任务需求形成遥控指令或数据(包括同步控制脉冲等)。

（3）完成遥控指令和数据的 PCM 编码及码型变换。

（4）完成指令、数据和执行脉冲的调制。

（5）完成已调信号的上变频、放大和发射。

（6）完成遥控系统的监控和自动化检测。

（7）完成小环检测和指令、数据比对测试。

（8）接收遥测返回信号,完成遥控指令、数据的大回路比对。

2. 设备分类

根据不同的分类标准可以分为以下几类。

（1）根据设备所处位置,可以分为地面遥控设备和航天器上遥控设备。地面遥控设备和航天器上遥控设备构成整个遥控系统,地面遥控设备完成数据或指令的注入,并进行编码、调制、射频发射,而航天器上遥控设备接收来自地面的射频遥控信号,进行解调、译码和分路,并对具体设备进行控制。

（2）根据遥控的不同对象,可以分为对运载器的遥控设备和对在轨航天器的遥控设备。对运载器的遥控主要是指安控,目前主要使用独立超短波遥控设备,而对在轨航天器的遥控,则用微波统一系统设备对航天器发送遥控指令。

（3）根据装载方式的不同,可以分为车载、船载、机载和地面固定站遥控设备。

3. 系统组成

遥控系统主要由地面遥控系统和航天器上遥控系统组成。

（1）地面遥控系统组成。

地面遥控系统通常由指令/数据产生设备、指令/数据终端、发射机、检测接收机、天线、天线座及伺服跟踪系统、监控台等基本设备和辅助设备组成,如图4-8所示。

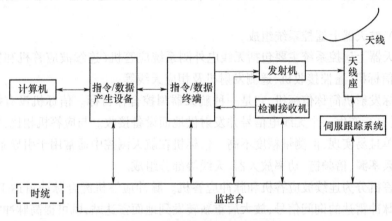

图4-8 地面遥控系统组成框图

指令/数据产生设备一般为中心计算机(或安控台、逃逸台),它根据遥测、外测传送来的测量数据和任务需求,自动或人工干预产生遥控指令或数据后,送遥控站发送。遥控监控台或遥控终端也可根据指挥调度口令人工应急产生指令。

指令/数据终端对指令/数据产生设备传送来的指令/数据(或本台人工产生指令)完成编码、码型变换和副载波调制后传送至发射机,同时还对检测接收机传送来的小环检测信号进行副载波解调和小环比对。在大回路反馈校验时,还要接收遥测传送回的星上接收的遥控指令/数据,进行大回路比对。

发射机完成载波的产生、调制和功率放大等功能。天线完成载波的辐射。

检测接收机接收来自发射机的小信号或高功放输出从假负载或天馈线处耦合来的高频信号,完成下变频、载波解调,并将解调后的副载波调制信号传送至终端处理,完成遥控信号的小环比对。

伺服跟踪系统根据引导信息或自跟踪信息驱动天线指向飞行目标,以便向其发送遥控信息。

遥控天线的作用是向被控飞行目标辐射遥控信号,因为没有测角精度要求,所以不需要天线方向图很尖锐。为保证运载器、航天器能可靠地接收遥控信号,要求地面遥控系统在保证功率电平的前提下,天线波束应尽量宽一些。因此独立发射场安全遥控地面设备通常都采用大功率宽波束体制。

遥控设备监控检测系统是地面遥控系统的管理、监控中心,由系统监控台、检测接收机、检测解调器及大、小环路比对电路组成,其功能包括:对地面遥控系统各分机设备进行监控、检测;接收中心计算机或指控中心通过远程监控分系统传送来的发令命令或数据,或本台人工产生发令命令,组织有关分机完成指令、数据的发射;通过小环比对对指令、数据的地面发送情况进行监视,通过大环比对对运载器、航天器上遥控系统的指令、数据接收情况进行监视;记录重要工作参数。

(2)航天器上遥控系统组成。

航天器上遥控系统主要包括无线电外测系统应答机(连续波应答机和脉冲应答机)、信标机、遥控接收机、遥测发射机及相应天线等。

信标发射机简称信标机,它是一种航天器测控合作目标。信标机没有接收部分,而是自行产生一个无线电信号并发射供地面设备接收。与应答机相比,信标机结构简单且易实现,但测量精度不高。信标机在航天测控中通常用于引导系统,其主要由频率源、倍频链、功率放大器、天线等部分组成。

应答机分为连续波应答机和脉冲应答机。脉冲应答机配合脉冲雷达工作,接收地面脉冲雷达的询问信号,放大后重新转发到地面雷达站,既可提高脉冲雷达作用距离,又可提高脉冲雷达回波的品质,从而提高脉冲雷达的测量精度。脉冲应答机一般由接收机、发射机、视频处理器和电源组成。连续波应答机通常采用相干体制的干涉仪应答机,接收地面发射的上行信号,变频转发回地面,配合地面完成测量任务。连续波应答机通常由收发天线、接收机、发射机、电源及辅助设施组成,具有较高的测量精度和灵敏度。

遥控接收机的作用是通过天线接收地面发射的指令信号,经过放大、解调后,发送给译码器译出相应控制信号,通过控制信号实现对航天器目标的控制。

遥测发射机的作用是将遥测信息以高频电磁波形式辐射到空间。就其基本功能而言,与其他无线电系统中的发射机没有区别,但航天器的特殊性及特定的工作环境使其具有高可靠性、高效率、高功率利用率、带宽受限、体积小、重量轻等特点。

4. 主要性能指标

无线电遥控设备的主要性能指标包括作用距离、跟踪范围、测量精度、系统工作带宽和传输误码率等。以某型号地面遥控设备为例,其性能指标见表4-2。

表 4-2　某型号地面遥控设备的基本性能参数表

指标项目	指标参数
工作频段	S 频段:2200.5~2300.5MHz
	X 频段:1753.6~1777.6MHz
天线跟踪范围	方位角:0~360°
	俯仰角:最大-5°~95°,保精度-3°~75°
	方位角速度:最大 0.05~40°/s,保精度 0.05~30°/s
	俯仰角速度:最大 0.05~30°/s,保精度 0.05~20°/s
	方位角加速度:最大 20°/s²,保精度 0.01~10°/s²
	俯仰角加速度:最大 20°/s²,保精度 0.01~8°/s²
解码速率	PCM/FM:1kb/s~2Mb/s; PCM/PSK:1~64kb/s
接收体制	PCM/FM 或 PCM/PSK
增益 dB	遥测下行 $G_R \geqslant 28.5$;遥控上行 $G_R \geqslant 26.4$
作用距离	≥××××km
天线口径	1.8m
接收灵敏度	F/M:$S_i \leqslant -128.6$dBW;PSK:$S_i \leqslant -154.6$dBW
外部接口	网络通信:RJ45,1 个
	外时统 B 码终端信号:IRIG-B,1 个
	低速数传:RS-232,3 个

4.3.4　统一载波测控设备

统一载波测控设备是一种新型无线电测控设备,也是航天测控系统的一个重要组成设备。该设备主要用于测量航天器的距离、角度、速度等信息,进而通过处理获得航天器轨道参数。统一载波测控设备是指一个载波调制若干个测控信号,以完成多种功能的综合无线电测控设备。它同时具有对各种飞行器进行无线电定位、遥测、遥控和通信等多种功能。

在统一载波测控设备出现之前,对飞行器的测控都由独立载波(一个载波调制一个测控信号)测控设备承担。随着科学技术的发展,航天器往往需要同时具有遥测设备、轨道测量设备、语音设备、电视设备及图像收集设备等,而且要求测控设备作用距离远、精度高、多功能、可靠性强。以往的独立设备已不能满足新的测控要求,于是就出现了统一载波体制的测控系统。

1. 工作方式及用途

统一载波测控设备可直接测得航天器的距离、角度、径向速度等参数,经坐标变换、数据处理,可得到航天器的飞行轨迹。系统为实现上述测控功能,往往设计多种工作方式,包括:目标截获、搜索和引导,目标捕获,目标测控及目标丢失重捕等。

(1) 目标截获、搜索和引导。

运载器起飞之前,航天器上应答机已开机,发射下行不扫描的已调制遥测的射频信号,这时地面测控站便可按预定的飞行轨道截获目标。但由于地面统一载波测控设备天线波束狭窄,而目标飞行轨道散布较大,使航天器很可能超出天线波束所照射的空域。为了可靠地截获目标,需要采取以下手段来帮助地面站天线对准目标。

① 天线扫描,根据目标速度设置天线按一定速率在一定范围内对目标预定空域进行扫描搜索的工作方式。

② 自引导,统一载波测控系统配有同频、同天线座自引导小天线,该小天线波束宽,易于捕获目标,一旦小天线捕获、跟踪目标后,即可引导主天线截获目标。

③ 外引导,在外界信息的引导下使天线波束逐渐接近于目标,包括:由波束较宽的引导仪实施模拟引导,根据理论弹道进行数字程序引导,由中心计算机根据其他测控设备获取的目标位置信息实施数字引导等。

(2) 目标捕获。

统一载波测控设备首先进行频率捕获,并在此基础上实现主天线角跟踪,以及双向载波捕获和距离捕获。

当采用天线扫描、自引导或外引导等手段使主天线对准目标(即目标落入主天线波束内)时,地面跟踪接收机迅速捕获应答机信标信号,实现频率捕获,并发送载波锁定指示信号。伺服系统根据跟踪接收机发送的载波锁定信号、角误差电压信号,经判决由人工或自动转入角跟踪,并发送角度跟踪状态信号。主监控台根据跟踪状态信号,并经过一定延时以保证设备稳定跟踪后,人工或自动控制发射机发出上行未调载波启扫信号,应答机捕获地面设备的上行载波信号后,转发下行载波信号,地面跟踪接收机主环扫描跟踪,同时应答机锁定指示通过遥测传回地面,地面设备主监控台据此进行人工或自动判决确定应答机捕获上行频率后,控制发射机调制器停止上行微波频率扫描,并按程序回到载波中心频率。主监控台根据启扫、停扫、回零、主接收机主环锁定指示等信号,发送双捕完成指示信号至测距机、测速机、遥控等终端设备。测距终端接收到双捕信号后,自动发出测距信号,并启动距离捕获程序,直至距离信号捕获,发送距离捕获信号至主监控台。至此,捕获全过程结束,系统进入全跟踪状态。

（3）目标测控。

对目标的测控包括遥测、遥控、角位置测量、测距、测速、语音和数据传输等。

① 遥测终端接收到下行载波捕获信号后,进行遥测副载波捕获、位同步和帧同步提取,将解调提取的遥测信息加上时标,发送遥测信息。

② 天线自跟踪后,角度编码器将代表天线指向的角度信息加上时标,发送测角信息。

③ 双向载波捕获后,遥控终端即可根据需要发送遥控指令或者数据(当上行采用调频体制时,发送指令与测距分时工作,发送指令优先),实现对目标的遥控功能。

④ 距离捕获后,测距终端将测距信息加上时标,发送目标距离信息。

⑤ 测速终端接收到下行载波捕获信号后,进行双向多普勒提取与测量,将测速信息加上时标,发送测速信息。

⑥ 系统实现自跟踪和双捕后,话音和数传即可工作,实现天地数据、监视、话音信息的双向传输。

（4）目标丢失重捕。

因某种原因引起下行载波失锁(目标丢失)时,天线首先转入记忆跟踪。若时间较长,则从截获目标开始进行重捕;若局部丢失,则要根据不同的丢失状态(双向载波捕获丢失、距丢失、测量丢失等)进行局部重捕,以节省时间。

2. 主要设备组成

从设备采用的调制体制可以分为标准体制统一测控设备和扩频体制统一测控设备等,其中扩频体制又包含两种模式,分别是相干扩频和非相干扩频。

统一载波测控设备采用应答式工作方式,与航天器上设备共同完成跟踪测量、遥测、遥控及通信等功能。其在航天器上的测控应答机与数传机设备相对地面设备较为简单,工作原理与地面设备大致相同。下面简要介绍地面统一载波测控设备信道部分、基带设备、角度跟踪设备、数据传输分系统、监控分系统的工作原理。其设备组成如图4-9所示。

（1）信道部分。

统一载波测控设备的信道分为上行信道和下行信道。

上行信道主要由上变频器、功率放大器、微波开关网络和电源等组成。上变频器主要作用是将基带设备发送的上行已调中频载波信号的频率变换成发射所需的载波频率,功率放大器将上变频器发送的小信号放大至所需的功率后馈送给天线。

下行信道主要由低噪声放大器、下变频器、中频放大器和开关网络等组成。地面天线接收到的微弱射频信号由低噪声放大器进行高频放大后,再由下变频器变换至中频,经中频放大器放大后送给接收机,使锁相环与解调器能正常工作。

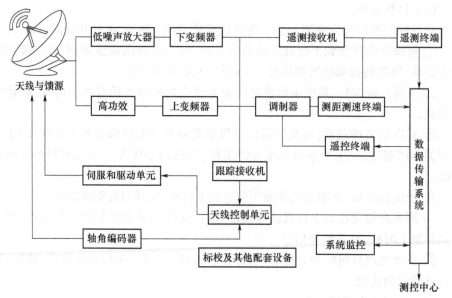

图 4-9　统一载波测控设备组成框图

（2）基带设备。

基带是指载波调制之前信号所占用的频带,即终端设备所产生的原始信号固有的频带。基带设备由上行调制器、锁相接收机、遥测终端、遥控终端、测距和测速终端、语音终端、数传终端、时频终端等组成。

（3）角度跟踪设备。

角度跟踪设备由天馈线、伺服放大与驱动、天线控制单元(ACU)和轴角编码器等组成。统一载波测控设备常采用比幅式单脉冲自跟踪体制,其天线通常是效率较高的双曲面改进型卡塞格伦或格里高里天线,馈源为多喇叭馈源或多模馈源。统一载波测控系统的测角精度随天线口径而定,一般测量精度可达 0.01°～0.02°。与该精密跟踪测量大口径天线共座的外挂式自引导小天线,则采用圆锥扫描自跟踪体制。

（4）数据传输分系统。

数据传输分系统由计算机、调制解调器、接口部件和终端设备等组成,负责采集遥测、测距、测速、测角和本系统的监视信息,进行校验和编排后,经调制解调器和通信电路发往测控中心。同时,将测控中心发来的信息进行校验、分解,分别发往各有关终端设备。

（5）监控分系统。

监控分系统负责全系统运行状态、工作参数、目标参数、设备配置等信息的集中监控和显示,同时接收来自远程监控系统的控制命令。测控站人员通过监控系统直接对系统进行的监控称为本地监控,由指挥控制中心通过监控分系统对系统进行的监控称为远程监控。另外,各分机还可以对其状态进行独立监控。

标准体制统一测控设备采用频分副载波对载波调相的调制体制。上行信号的副载波包括遥控副载波、测距侧音,其中遥控副载波和侧音可同时或分时加调。下行信号的副载波包括遥测副载波、测距侧音。遥控、遥测副载波为 PCM-PSK 调制体制。遥测数据经过载波解调和副载波解调得到遥测数据流。侧音信号直接对载波进行调制。测速体制为双向相干多普勒测速。测距体制为纯侧音测距,测距音可以采用国际侧音体制或国内侧音体制。测角体制为单脉冲双通道体制。收发天线的旋向为左旋或(和)右旋。

相干扩频的统一测控设备采用相干扩频测量体制,上下行均采用 UQPSK 调制。测速、测距均为相干测量体制。跟踪与测角采用单脉冲双通道体制。收发天线的旋向为左旋或(和)右旋。

非相干扩频的统一测控设备采用非相干伪码测距、多普勒测速方式,上下行均采用 BPSK 调制,测距通过星地互测伪距,地面解算实现;测速也通过星地互测伪多普勒,地面解算实现。跟踪与测角采用单脉冲双通道体制。收发天线的旋向为左旋或(和)右旋。

3. 主要性能指标

统一测控设备的性能指标主要包括以下内容。

(1)工作频段:在航天测控设备中,主要使用的有 S 波段、C 波段、X 波段等。

(2)作用距离:雷达能够探测和定位的最远距离。作用距离与工作方式有关,一般应答式的作用距离远大于反射式的作用距离;作用距离还与发射机功率、接收机性能和天线增益等有关。

(3)跟踪范围:雷达能够跟踪航天器的方位、俯仰角度范围。

(4)测距精度:雷达进行距离测量时的误差值,包括系统误差和随机误差。

(5)测速精度:雷达进行速度测量时的误差值,包括系统误差和随机误差。

(6)测角精度:雷达进行角度测量时的误差值,包括系统误差和随机误差。

(7)测控误码率:测控数据在规定时间内传输的准确度。

以某型号统一载波测控设备为例,其性能指标见表 4-3。

表 4-3　某型号统一载波测控设备的基本性能参数表

指标项目	指标参数
工作频段	S 频段:接收 2.2~2.3GHz,步进 100Hz
	X 频段:发射 7.145~7.235GHz,步进 100Hz;接收 8~9GHz,步进 100Hz

指标项目	指标参数
测量精度	测距(X 频段):侧音测距≤3m;码音合成测≤3m
	测速(X 频段):≤50mm/s
	测角:指向精度 0.05°(S 频段)、0.02°(X 频段);跟踪精度 0.06°(S 频段)、0.03°(X 频段)
系统品质因数 G/T 值	S 频段:G/T≥25+20lg(f/f_0)dB/K(E≥10°,f_0=2200MHz);X 频段:G/T≥35+20lg(f/f_0)dB/K(E≥10°,f_0=8000MHz)
等效全向辐射功率 EIRP	X 频段:EIRP≥83+20lg(f/f_0)dBW(f_0=7145MHz)
载波调制体制	调相(PM)
作用距离	≥××××km
天线口径	18m
极化方式	左旋或右旋
外部接口	网络通信:RJ45,2 个
	外时统 B 码终端信号:XCE14F3Z$_1$D$_1$,1 个
	外时统频标:N 型,1 个

64

第5章 航天装备试验保障系统

试验保障系统是承担航天装备试验任务有关保障工作职能的重要支撑。如果没有可靠的试验保障系统,就不可能取得航天装备试验成功,更不能为航天装备试验任务提供准确的试验结果信息,从而影响航天装备建设成效。从试验任务实践来看,航天装备试验保障系统通常是由各级保障人员、保障资源等要素,以一定的组织形式构成的,具有航天装备试验任务相关保障功能的有机整体。本章重点论述航天装备试验任务所必需的试验通信保障、试验气象水文保障、试验计量保障、试验测绘保障、特种燃料保障、试验后装保障等系统内容。

5.1 试验通信保障

试验通信保障是组织实施航天装备试验任务不可或缺的重要条件。试验通信保障系统是航天装备试验体系的重要组成。在航天装备试验任务中,该系统把各参试系统紧密联系起来,形成一个相互联系、相互作用的有机整体,从而使得所有参试单元高效有序地实施航天装备试验活动。

试验通信保障系统承担的主要任务包括以下几方面。

(1)提供各级各参试系统调度指挥的通信联络,即指挥通信。

(2)实时准确传输各种测量、引导、探测、显示、安控及气象情报、场景实况图像等数据,即数据通信。

(3)向各种测控和实时处理设备提供高精度的标准时间、标准频率和统一的时间零点,即时统通信。

航天装备试验通信保障系统主要由航天器通信、光纤通信、帧中继网、数字数据网、时间与频率、指挥调度、程控交换、图像传输和网络管理等分系统组成。

某典型测控中心通信系统组成如图5-1所示。该系统以航天器通信专用网和测控中心及各个测控站的本地光纤传输网共同构成了试验通信网的主体和骨干,为测控系统提供数据、调度、电话、电报、传真和图像等专用业务,并为测控和计算机系统提供标准时间和标准频率信号。另外,为适应测控数据国际联网需求,建立了中法、中瑞、中智等国际测控联网数据通信链路。

航天通信专用网主要由航天飞控中心、航天测控中心、航天通信中心及各发射

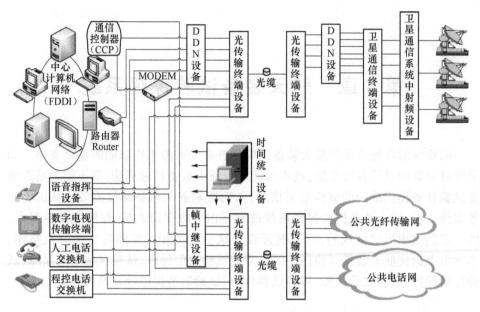

图 5-1　某典型测控中心通信系统结构组成示意图

场的多个通信站、多个活动测控站的车载卫通站和多个海事卫星通信站等组成。目前,该网采用的技术体制主要有两种:一种是多路单载波(MCPC)体制的商用卫星通信业务/中等数据速率(INTELSAT Business Service/Intermediate Data Rate,IBS/IDR)系统。IBS/IDR 是国际卫星组织制定的一种数字航天通信业务,主要用于点对点专线传输,适用于星状网。其特点是技术成熟、设备标准化程度高、电路关系简单明确和可靠性较高。在卫通专用网中,IBS/IDR 业务主要用于中心间、中心与测站间及岸船间综合信息的传输。另一种是单路单载波(SCPC)体制的 TES 系统。TES 系统是一个以电话业务为主,数据和话音业务兼容的航天器通信网,主要用于试验任务中活动站的调度指挥话音、低速数据传输。卫通专用网是航天装备试验测控任务信息传输第一路由。

　　地面光纤通信传输网主要由测控中心及测控站的本地传输网与国家电信网、国防通信网的互连所组成,用于各中心及各测控站的业务传输和信息交换。除用于日常通信外,本地传输网主要作为航天装备试验测控任务信息传输第二路由。

　　航天通信系统由空间段和地面段两部分组成。空间段以通信卫星为主体,并包括地面监控中心和测控站。地面监控中心的任务是在业务开通前对通信卫星和地球站进行各项通信参数的测定;业务开通后,对通信卫星和地球站的各项通信参数进行监视和管理。测控站的任务是对航天器进行准确可靠的跟踪测量,控制航天器准确进入定点位置,航天器正常运行后,还要对它进行轨道修正、位置保持和姿态保持等控制。地面段以地球站为主体,并包括用户间通信的所有地面设施,它提供与航天器的连接链路。除地球站外,地面段还应包括用户终端,以及用户终端与地球站连接的"陆地链路"。地球站可以是设置在地面的卫星通信站,也可以是设置在飞机或船舶上的卫星通信站。

在介绍试验通信保障系统的基础上,有必要介绍一下时间统一系统。

时间统一系统是为航天发射、指挥控制、跟踪测量等参试系统提供标准时间信号和标准频率信号的电子设备。在航天装备试验任务中,高精确度、高稳定度的标准时间频率信号可以使参加试验的所有设备在统一的时间尺度下,实时精确控制飞行目标,完成交会测量和接力测量。例如,无线电测量系统通常是通过测量无线电信号从发射到经过物体反射所传播的时延和多普勒频移来确定物体的运动位置和速度,因此时间与频率系统提供的时间信号和频率信号的精度越高,所测得的时延和频移的精度就越高,计算物体的运动位置和速度的精度也就越高。

时间统一系统的主要功能有以下几方面。

(1)接收授时信号(短波、长波、GPS 或其他授时信号),完成本地时间与标准时间的同步,即定时功能。

(2)对本地的频标源(晶振、铷钟等)进行频率校准,即校频功能。

(3)向用户设备提供标准时间、标准频率信号,即时间编码功能。

时间统一系统的典型组成结构如图 5-2 所示。完整的时统设备应包括三个组成部分。

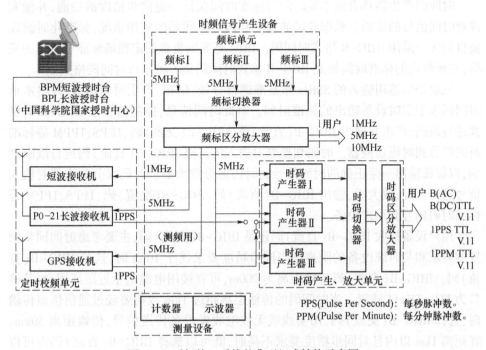

图 5-2　时间统一系统的典型组成结构示意图

在定时校频设备中,短波接收机、长波接收机、GPS 接收机均能独立完成定时工作。我国陕西天文台发播的 BPM 定时信号和 BPL 定时信号,在全国范围内(除个别方向的边远地区外)接收,定时精度可以达到毫秒量级和微秒量级。

由于短波接收机的对时精度在毫秒量级,一般情况下,其输出的秒信号只用作长波接收机的外秒,对长波接收机进行粗定时,以消除长波定时的模糊度。

定时校频设备接收标准时间频率信号,用于校准本地频率标准的频率。频率标准的标准频率信号通过标频放大器供需要的用户使用,实现整个系统的频率统一。标频放大器的标准频率信号是时间信号产生和放大器的钟频信号。时间信号产生和放大器通过定时校频设备输出的标准时间信号来实现时间同步,它产生供用户使用的标准时间信号。

频率标准是能产生高准确和高稳定的标准频率信号的振荡器及其附属电路。标准频率信号通常是频率为 5MHz、10MHz 或 100MHz 的正弦信号。工程上应用较为普遍的频标源有两种:一种是铷原子频标加锁相晶振;另一种是晶体振荡器。铷原子频标的频率准确度可达 10^{-11} 量级,其稳定度可达 $3\times10^{-11}/s\sim5\times10^{-12}/s$,锁相晶振的 10ms 短稳指标可优于 10^{-10}。时统中配置的通用晶体振荡器的秒级稳定度可达 10^{-11},快速预热晶体振荡器的秒级稳定度可达 1×10^{-10},频率准确度可达 1×10^{-8}。目前极少用于工程的小铯钟,频率准确度优于 1×10^{-11},秒级稳定度可达 7×10^{-12}。

时间码产生器具有使本地时间与标准时间保持一定同步精度的功能,并能完成对时间信号的编码。根据我国的情况和国外时间码的应用情况,标准化时统设备目前统一采用 IRIG-B 格式时间码。IRIG 是美国负责制定靶场标准等工作的机构,它所制定的标准时间格式 IRIG-B 格式时间码是一种串行时间码格式。

三块产生器用输入的 5MHz 作基准进行分频、倍频,产生时间信息,并将本地时间同步于定时设备输出的标准时间。对此时间信息、控制信息按 IRIG-B 码格式进行编码,产生并输出 IRIG-B(直流)码、IRIG-B(交流)码、1PPS、1PPM 等标准时码信号到时码切换器。时码切换器对输入的三路 IRIG-B(直流)码进行故障判别,以保证输出一路正确的时码信号到时码区分放大器。时码区分放大器对输入信号进行区分、放大后,输出 IRIG-B(直流)码、IRIG-B(交流)码、1PPS、1PPM 等标准时码信号到用户设备。

用户设备接收 IRIG-B(直流)码还是 IRIG-B(交流)码,主要考虑时间同步精度的要求和与时统设备的距离。当同步精度要求优于 $10\mu s$ 时,选择 IRIG-B(直流)码。IRIG-B(直流)码传输距离为 200m,可直接用电缆送至近距离用户,其接口为 ITU-TV.11 建议。当时间码的传输距离超过 1km 或需要经过通信信道传输时,选择 IRIG-B(交流)码,用实线或无线电收发设备传送信号,传输距离 30km。在距离 1km 以内且对同步精度要求不高时,既可以选择 IRIG-B(直流)码也可以选择 IRIG-B(交流)码。由于 IRIG-B(交流)码使用起来比 IRIG-B(直流)码可靠,一般选择 IRIG-B(交流)码。

5.2　试验气象水文保障

试验气象水文保障是航天装备试验活动顺利进行的重要条件,对于保证航天装备试验质量与安全具有十分重要的作用。试验气象水文保障系统的具体任务有以下几方面。

(1)提供试验区域的气候背景资料,及时制作并提供试验区域的长、中、短期天气预报,实时掌握天气实况和变化趋势,判断试验有利天气时机,为试验指挥机构提供决策依据信息。

(2)为测控设备提供大气折光(电波)修正,以及为试验实施和试验结果分析提供所需的现场气象水文资料。

(3)为确保航天装备试验安全,及时提供危险天气警报和灾害性天气预报。

(4)为航天装备试验条件建设等工作提供必要的气象水文资料和天气预报。

航天装备试验任务对气象水文保障要求高。对于试验区域较小,气象水文条件要求不太高的试验任务,试验气象水文保障可由装备试验单位自身的中心气象台和不同试验区域的气象站来完成。对于大型跨区试验任务或气象水文条件要求高、涉及面广、具有重大影响的试验任务,仅靠装备试验单位气象保障力量难以完成保障任务,必须由上级部门牵头,统一组织其他气象水文部门参加的气象水文保障,通过报知、会商、互相提供资料等方法密切协同,共同完成航天装备试验气象水文保障任务。

5.3　试验计量保障

试验计量保障是指为保持参试的测试、测控等装备的技术参数准确统一所采取的一系列技术保障与管理活动。试验计量保障系统的主要工作是通过运用现代计量技术和有效的管理方式,对参试装备及其配套检测设备进行计量检定、校准和管理,建立不间断的量值溯源链,实现测量溯源性和检测过程受控,保证量值的准确可靠和计量单位的统一,确保测试测量装备始终处于良好的技术状态。

1. 试验计量工作内容

试验计量工作分为计量管理工作和计量技术工作两部分。

(1)试验计量管理工作。

试验计量管理工作主要包括:试验计量法规体系的建设与实施,计量机构的建设与管理,标准器具配备和溯源体系的建立、运行与管理,计量人员的培训与考核,计量保障体系的管理与监督等。

① 试验计量法规体系的建设与实施。2003年7月,中央军委颁布了第一部《中国人民解放军计量条例》。它规范全军计量工作的基本法规,是《中华人民共和国计量法》在中国人民解放军计量工作中的延伸,具有鲜明的时代特征和军队特色。2020年12月,中央军委发布了新修订的《军队计量条例》,明确军队计量工作的主要任务、基本原则、管理分工等,优化运行机制,保证军队计量工作在新体制下顺利开展。各单位制定了相应的工作制度和标准,如《军事计量测量标准建立与保持通用要求》《装备计量保障中测量设备和测量过程的质量控制》《装备计量保障通用要求——检测和校准》等。

② 计量机构的建设与管理。各装备试验单位都建有计量室(站),主要从事试验计量保障的具体实施工作。

③ 标准器具配备和溯源体系的建立、运行与管理。根据试验的测量任务和测量能力实际,编报计量标准器具的配备计划,开展计量标准器具的采购和使用管理。

④ 计量检定人员的培训与考核。各装备试验单位要定期开展计量检定人员的培训活动,促使其掌握计量相关的法规制度和专业知识,并不断提高计量检定技能。

⑤ 计量保障体系的管理与监督。各装备试验单位对计量保障工作情况和计量设备状态进行检查监督。

(2) 试验计量技术工作。

试验计量技术工作主要包括:测量标准装置和测试系统的建立、保存与使用;装备性能测量研究及检测设备的检定与校准;检定规程、校准规范和测试方法的研究与制定;测量结果及测量不确定度的分析与研究等。

2. 试验任务计量保障

我国相关制度要求:负责装备试验的部门或者单位在组织装备试验、鉴定时,应当保证参试的所有设备经过计量检定、校准或者测试。

试验任务计量保障的内容包括:①制定试验任务计量保障的有效措施及有关方案,确保试验的量值准确、统一、可靠。②对所有参试通用仪器仪表、专用设备、校准系统进行计量检查,对测试能力评估认可,对能够进行计量检测的指标要进行计量检测,目前难以进行定量检测的部分,要进行定性分析,并给出结论;不符合计量保障要求的,不得参与试验。③对参试测量设备和测量过程进行必要的现场监督检查,确保测量的可靠性。

在试验前,针对试验任务的特点,抓好试验准备过程中的计量工作。①应对试验大纲和方案中的试验方法以及各种通用和专用测试设备的配置合理性提出意见。②必须检定校准所有参试设备,检查所有设备的出厂合格证或计量校准证书,加强对厂家质量保证体系的审核。③建立参试仪器仪表的计量挂牌制度。凡是参与试验的设备及配套仪器仪表,必须挂牌使用,标识状态要明确,未经计量机构检定挂牌的,不能作为提供数据的测试手段使用,且不得参与试验。

在试验实施中,必须组织好试验现场的计量保障。①应及时掌握试验动态,了解受检设备状态,深入技术准备阵地、发射阵地、专业所站、基层团队,对试验技术准备和实施过程中的参数进行实时检测。②及时发现超差或故障的计量器具,积极进行抢修,适时进行故障装备的检定。③做好现场计量的技术仲裁工作。现场的计量检测和技术仲裁,对所有试验都是必要的,它可以弥补程序中的漏项,及时纠正错误,更重要的是对发现和解决系统性的测试问题提供可靠的计量保证。

在试验结束后,必须做好试验数据分析处理的计量保障。①及时对试验数据及其分析处理过程进行检测。②注重发现试验数据分析处理问题,以确保试验数据的一致性和正确性。

5.4　试验测绘保障

测绘保障是为航天装备试验任务的测量设备提供大地测量数据和地理信息,以满足测量设备校正基准,飞行运动参数的计算、测量数据处理的需要。在航天领域,试验测绘保障系统的主要工作内容包括以下几方面。

(1) 开展试验任务所需的天文大地测量、航天器大地测量、海道测量、陆地和海底地形测量、试验条件建设工程测量。

(2) 编制各种比例尺的地形图、航海图、大地控制点与军用控制点成果资料。

(3) 组织试验所需的重力磁力测量、遥感测量资料的收集、整理和保障。

5.5　特种燃料保障

特燃保障的主要任务包括特种燃料的订货、运输、储存保管、检验、供应等。特种燃料主要是指航天动力系统的推进剂,主要分为液体推进剂和固体推进剂。由于固体推进剂是预先装在运载器内,同运载器一起出厂,所以在飞行试验时,装备试验单位对其的保障工作量较少。本书重点介绍液体推进剂的保障情况。

1. 液体推进剂的种类

液体推进剂主要分为单组元、双组元和多组元推进剂。

单组元推进剂主要包括过氧化氢、无水肼、异丙基硝酸酯等。其能量较低,推进系统较为简单,通常只用于小推力的姿控发动机。

常用的双组元推进剂包括红烟硝酸-27S/偏二甲肼、四氧化二氮/偏二甲肼等。其能量较高,常用于大部分运载器主发动机。

液体推进剂还可分为常温液体推进剂和低温液体推进剂。常温液体推进剂在大气压力下的饱和温度高于通常的环境温度,可以在推进剂库中长期贮存。低温液体推进剂是大气压力下饱和温度不高于120K(-153.15℃)的氧化剂和燃烧剂,目前用于运载器的低温推进剂主要包括液氧和液氢。

大多数推进剂有毒,储存、保管、加注都要采取严格的防毒措施。比如,按毒性分级,偏二甲肼、硝酸-27S、四氧化二氮为三级;酒精和过氧化氢为四级。对于三级毒性,30g的剂量就可以使人致死,这正是加注要戴防毒面具,发射区设置清洗、污水处理系统的主要原因。

2. 常温液体推进剂的保障要求

常温液体推进剂运输和贮存的基本要求包括以下几方面。

(1)保证贮存的推进剂量充足,即除了满足各级贮箱对加注量的要求外,还要考虑从开始贮存到加注前这段时间的正常和非正常损耗,以及加注、泄出过程中的正常损耗。

(2)保证贮存的推进剂合格,即加注前其成分指标符合规定使用指标。

(3)确保安全。必须采用合理的运输和贮存方式,并使用专门的设备,防止爆炸和泄漏。

航天发射所需的常温液体推进剂需要预先从生产厂运至发射场,并贮存在其推进剂库中。

常温液体推进剂加注的一般要求如下:

由于常温液体推进剂有毒,直接排入大地或大气会污染环境,因此通常采用闭式加注流程,即推进剂由地面贮罐流向贮箱,而贮箱排出的气体或溢出的推进剂经管路流回贮罐。推进剂从贮罐流出,经过出液阀、泵、流量变送器、库房出液阀、塔上加注阀和加注连接器,从运载器的加注活门流入贮箱,而从贮箱排出的气体或溢出的推进剂经运载器的安溢活门和溢出管路回到贮罐,形成闭回路流程。在泵后管路上并联了两条分支管路,分支管路上分别安装了大、小两台流量变送器。大流量变送器的流通直径较大,可测量范围较宽,精度相对较低;小流量变送器的流通直径较小,可测量范围较窄,精度相对较高。大流量加注时,推进剂流经大流量变送器,补加时则流经小流量变送器。

对于多级运载器的各芯级,通常采用按顺序逐级加注和补加的方式,先加注完一种组元的推进剂,然后再加注另一种组元的推进剂,以确保安全。对于两级运载器,通常按照先一级、后二级,先燃烧剂、后氧化剂的顺序进行液体推进剂加注工作,泄出顺序与加注顺序相反。

3. 低温液体推进剂的保障

液氧与液氢的贮运和加注技术特点如下：

（1）在临近加注时运输和贮存推进剂,贮运设备的绝热措施要保证贮运期间由于蒸发所造成的推进剂损耗较小。

（2）贮运设备装入推进剂前和加注管路注入推进剂前都要经过惰性、低沸点气体置换。

（3）贮运设备要设有防止因蒸发和体积膨胀造成超压的安全泄放装置。

（4）加注管路的绝热措施要能保证推进剂在管内的流动为单相流,保证进入贮箱的推进剂温度不高于规定的温度。

（5）需保证贮运设备和加注管路绝热层的真空密封和真空寿命。

（6）当要求进入贮箱的推进剂温度低于其饱和温度（过冷）时,需要采取过冷措施。

（7）加注前,加注管路和贮箱要以小流量进行预冷,直至管路和贮箱温度达到推进剂温度。

（8）所有接触低温的结构件都要考虑由常温变为低温时所引起的尺寸、配合和密封性能等的变化,管路直管段要有冷缩补偿结构。

（9）在有推进剂或其蒸汽的情况下,管路上相邻的两个截止阀不能同时处于关闭状态。

（10）所有连接部位和密封结构在低温下的气密性, 通过常温和液氮温度下的检测予以保证。

（11）加注前既要清除管路内产生及从外界进入的机械杂质,又要清除在常温下呈气态而在低温下会固化成微粒的杂质气,防止这些多余物随推进剂进入箭（弹）内。因此,低温液体推进剂加注管路上不仅要设置过滤器,还要在加注前进行气体置换。由于杂质气在低温下会固化成微粒,要求管路上设置的过滤器具有较高精度。

（12）采用开路加注方式,在加注过程中管路和贮箱产生的废液废气通过管路向外排放,其中排放的液氢或蒸汽要经燃烧处理。

（13）当有多级贮箱采用液氧和液氢时,由于临射前要达到或保持规定液位,因此必须多级贮箱并行补加。

（14）加注只能在火箭临射前结束。加注结束后或火箭起飞时,所有与火箭连接的脐带管路要与火箭分离并迅速远离火箭。

（15）加注要实施远程测试与控制,尤其是至少临射前 60~30 分钟具备现场无人值守能力。

（16）一旦要终止发射,要求加注系统能及时地排出贮箱气枕的推进剂混合蒸汽和贮箱内的推进剂,防止贮箱因推进剂蒸发而造成超压。与常温液体推进剂不同,低温液体推进剂加注完成后如要终止发射,贮箱内的推进剂必须泄回到库房的贮罐中。

液氢/液氧推进剂加注顺序是先液氧、后液氢。液氢采用固定罐汽化器自身增压加注方式;液氧采用固定罐泵式加注或汽化器自身增压加注方式,对于大型运载器通常采用泵式加注方式,可以加大流量,缩短加注时间。

由于要排放废液和废气,低温液体推进剂加注通常采用开路加注方式,即管路和运载器贮箱都设有向外界排气的排气口和管路,在管路预冷、发动机预冷和补加前的准备工序中,管路内产生的推进剂蒸汽和温度较高的推进剂均通过这些管路排出。

5.6 试验后装保障

试验后勤和装备保障是装备试验单位为满足航天装备试验任务需要而在后勤和装备方面组织实施的保障。试验后勤和装备保障工作极其重要,它涉及航天装备试验任务的各方面和全过程,没有强有力的试验后勤和装备保障,航天装备试验任务将难以实施。

从具体业务看,试验后勤和装备保障主要工作包括经费保障、军需物资油料保障、卫勤保障、交通运输保障、军事设施保障、试验设备采购、试验设备维修和技术改造等。

(1) 经费保障。试验经费保障主要包括:经费预算编制,经费供应,经费使用监督控制,收入管理,经费清理结算和成本核算。

(2) 军需物资油料保障。试验军需物资油料保障主要包括:拟制军需物资油料(含特种油料)保障方案、预案,以及军需物资油料的筹措、贮运、调拨和发放;疏通地方参试单位的粮油供应渠道;伙食保障与管理;特种防护服的供应和管理,参试单位劳保物资的筹措及供应保障;通用机电产品、仪器仪表、电子元器件等物资器材的采购、贮运和供应;试验军需物资管理;任务结束后被装、给养器材的回收、洗修和入库工作。

(3) 卫勤保障。试验卫勤保障主要包括:完善试验卫勤保障方案,健全卫勤组织指挥机构,部署卫勤保障力量,做好救护车辆、医疗设备的维护和检查,组织药材器材筹措和补充;组织参试人员体检,并依据试验任务有毒有害作业卫生防护规定,检查、督促指导部队做好卫生防护工作;开展区域流行病调查和环境监测;针对疫情动态,适时组织预防接种,制定防病措施;杜绝食物中毒,防止传染病暴发流行;根据试验任务要求,组织现场医疗救护队及其他卫勤分队技术培训,开展试验卫勤救护演练;做好伤病员收治、后送和技术前支保障及后援的协调工作;组织巡回医疗,做好参试和参观人员的医疗保健、卫生防病防护和现场救治工作;合理调

74

配后送医院的医疗力量,预留任务床位,备足特需、急救药品和血源等,做好伤病员收治准备。

(4)交通运输保障。试验交通运输保障主要包括:编制运输计划;组织铁路、公路设施设备检查、维护,确保铁路、公路通畅和设施设备完好;组织参试人员、试验产品和各类物资的铁路、公路及航空运输;组织参试机车、车辆、船艇技术状况和安全检查以及维护保养,及时排除故障和组织车辆抢修,使其处于良好的技术状态;组织车辆器材的筹措、贮运和供应工作。

(5)军事设施保障。军事设施保障主要包括:根据试验保障方案,落实军事设施保障计划,按试验时间、地点、规模,编制各种物资筹措、分配及运输计划,并组织施工;为远离营区执行任务的部(分)队筹措、配备补充营具及运水、储水、取暖、供电等设备、物资;适时安排营房、水暖电设施设备的维护和检修,组织试验任务前的技术安全检查评审,做好各项应急保障准备,确保试验任务期间安全供水、供暖、供电;执行各项规章制度,落实安全防护措施,确保安全无事故;组织试验场区环境监测(包括空气、水源及其他各种因素)和绿化美化,促进生态环境的良性循环和可持续发展;与军内外有关协作单位建立保障联络渠道,协调解决军事设施保障过程中遇到的重大技术安全、物资器材等方面的问题。

(6)试验设备采购。试验设备采购是装备试验单位依据国家法规,按照采购计划,采取适当的采购方式按时获取航天装备试验任务所需的试验设备及仪器。其具体工作包括供应商选择、合同管理、质量监督、验收交付等内容。

(7)试验设备维修和技术改造。试验设备维修是为保持、恢复和改善试验设备技术状态而采取的保障性措施及相应活动,主要工作内容包括试验设备维护和修理、技术准备与技术改造、维修备件器材筹措与供应等。

第6章 航天装备试验设计

试验设计是航天装备试验准备阶段的一项重要技术活动,其作用是根据航天装备试验的目的和要求,在确定试验任务的基础上,运用科学方法制定优化可行的试验方案,为航天装备试验组织实施提供方法指导。本章主要从试验设计的基本概念和要求出发,论述航天装备试验总体设计和相关试验设计方法。

6.1 试验设计概述

6.1.1 相关概念

1. 因子和水平

航天装备性能的发挥受各种因素的影响。以卫星对太空环境的适应性为例,该指标受空间热辐射、压强、粒子辐射、空间碎片撞击、极端温度转换速率等的影响。为了对卫星的太空环境适应性进行评价,则需要对适应性与各因素之间的统计数据或者函数关系进行研究,比较各因素对适应性影响的重要性以及在因素不同状态下适应性的分析结果。

在试验分析中,表示试验中感兴趣的观测结果的随机变量称为响应变量(response variable),如卫星振动试验中的振幅和频率,导弹射击精度试验中的横向偏差与纵向偏差,雷达试验中的目标探测距离(最大和最小),装备故障时间,故障修复时间等。在给定的试验条件下,试验结果的期望值称为响应(response)。当不考虑试验中的系统误差,给定的试验条件与研制任务书规定的使用条件一致时,响应即为要评价的性能指标值,因此有时也将响应称为指标。

对指标产生影响的因素称为试验问题中的因子(factor),常用 A、B、C 等表示。因子在试验或观察中所取得的状态称为因子的水平(level),常记为 $A_1, A_2, \cdots$。

在航天装备试验中,每个试验项目通常只对某些因子进行观察,而对其他因子则用某些方法予以控制。以卫星热真空试验为例,影响因子包括试验仓的温度、压力、极端温度持续时间、温度循环次数、温度稳定性、温度变化速率等。在试验设计中考虑的因子数越多,则试验就越充分,试验的结论也更为准确。由于进行试验的样本量有限,因此在试验中不可能对所有因子都一一研究,这就需要对某些因子进行控制,减少所观察因子的数量。

因子可分为可控因子和不可控因子。可控因子是指在装备试验过程中可以通过某种方式改变其水平的因子,如卫星热真空试验中的温度、压力、极端温度持续时间、温度循环次数。在装备试验的实际操作中不能控制、难以控制、需花费大量经费才能控制的因子称为不可控因子,也称为噪声因子或误差因子。如卫星热真空试验中的温度稳定性,规定试验仓真实温度保持在要求温度的±3℃以内,提高温度稳定性需要投入大量经费改进试验设备,而有限度地提高温度稳定性对试验结果的影响很小。对于不可控因子,在试验过程中要尽可能地进行观察和记录,以便在试验结果分析时参考,并通过多次试验,降低不可控因子对性能指标评价结果的影响。

如果把可控因子看作自变量,因子的水平看作可控因子的取值,响应视为因变量,则试验就成为求解可控因子与试验指标间函数或统计关系的一种手段。

2. 试验设计

试验方法是指为实现装备试验目的和要求所采取的途径。然而,任何一项装备试验的实施,不论是实际使用条件下的试验,还是仿真试验,都必须把试验方法变成一个有效的试验方案,这就是试验设计。

《统计学术语 第三部分 试验设计术语》(GB/T 3358.3—93)对试验设计的定义为:对试验的规划,主要指选择参加试验的因子,确定各因子的水平,挑出要进行试验的水平组合。

《现代科学技术词典》对试验设计的解释是:在统计分析中,要求以次数尽可能少的试验来获得足够有效的资料,从而得到较可靠的结论。试验设计就是从这个要求出发,考虑试验结果或观察时可能产生的随机误差,运用数学方法来研究如何合理地进行抽样试验,控制各因素在试验中的条件,同时还研究在各种允许的试验条件下的最优试验方案等问题。

考虑到指标统计推断的精度要求、两类错误要求,本书定义装备统计试验设计为:根据试验的目的和要求,在试验方法确定的试验模式、类型和工程试验方法基本框架的基础上,考虑性能指标评价中的风险、精度或置信水平要求,试验中的各类因子与因子水平要求,运用统计学原理,研究如何合理选取试验样本,控制试验中各种因子及其水平的变化,制定一个优化可行的试验方案的过程。试验设计的目的是以尽可能少的试验次数来获取足够有效的试验数据或资料。

从上述定义可见,试验设计的关键问题是试验方案的优化。一个优化的试验方案,既要满足对被试装备性能指标评价的要求,又要考虑试验经费、试验设施、试验设备等实际条件,以较小的代价获取最大的试验效益。试验方案的优化是一个复杂的过程,必须把大量的定量和定性信息与试验方法、试验指挥、试验管理、实践经验和数学知识等联系起来考虑,综合分析,反复比较,优化处理。

6.1.2 试验设计的研究范畴

1. 经典统计试验设计

20世纪初,许多科学家和学者从农业、工业试验中不断摸索、总结,并基于统计学基本原理提出了试验设计理论。因此,试验设计的概念起源于统计学的试验方法研究。1917年,美国陆军在马里兰州阿伯丁附近成立了阿伯丁试验场,负责检测美国陆军常规武器并训练军械人员,开展了基于统计学原理的装备试验方法研究和探索。

统计学中的试验设计就是运用统计学原理,合理选取试验样本,设计如何控制指标的影响因子、水平及其组合,形成考核指标统计试验方法的过程。统计试验设计不但能够获取用于评估考核指标的充分的试验数据,而且能够合理选取样本,科学控制因子、水平及其组合,最大程度地减少试验次数,从而降低试验消耗。

2. 装备试验设计

随着统计试验设计理论研究的不断深入,尤其是两次世界大战对武器装备检测的庞大需求,以美国为代表的军事强国形成了规范的装备试验程序,装备试验设计理论逐渐发展和完善。试验设计理论运用于装备试验,其研究范畴经历了两次扩展,如图6-1所示。

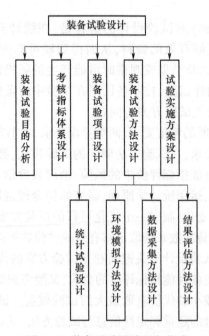

图 6-1 装备试验设计研究范畴

第一次扩展:统计学意义上的试验设计与环境模拟方法设计、数据采集方法设计、结果评估方法设计,共同构成了装备试验方法设计。这是试验设计理论运用于装备试验活动,从试验实施方法角度的第一次扩展。第一次扩展后,研究内容仍然停留在理论的试验方法层面。

第二次扩展:装备试验方法设计与装备试验目的分析、考核指标体系设计、装备试验项目设计、试验实施方案设计,共同构成了装备试验设计。这是试验设计理论运用于装备试验活动,从试验任务工作组织角度的第二次扩展。第二次扩展后,研究内容扩展到试验任务组织实施的规划设计层面。

因此,一般情况下将统计学意义上的试验设计称为装备试验统计设计,将研究内容经过两次扩展之后的试验设计称为装备试验总体设计。装备试验总体设计是指从装备试验任务总体规划的角度,依据试验目的,建立考核指标体系,设计试验项目与方法,最终形成试验任务实施方案的过程。

装备试验总体设计包含装备试验统计设计。装备试验统计设计是装备试验总体设计的核心环节,对装备试验总体设计的组织实施起制约作用。

6.1.3 航天装备试验设计的特殊要求

与常规装备相比,航天装备具有自身的特点。在试验中,航天装备作为一类特殊的被试装备,对试验设计提出了区别于常规装备的特殊要求。

分析航天装备试验设计的特殊要求,要从航天装备试验的两对矛盾入手。

(1)航天装备典型小子样、单装价值高的特点与装备试验要求充分的试验数据之间的矛盾。

运载器、航天器等典型的航天装备,具有小子样、价值高的特点,但是在试验中,为了满足考核指标的评估精度要求,必须获得足够的试验数据,势必造成被试航天装备数量或寿命的损耗。这就要求通过航天装备试验设计,努力实现航天装备的寿命损耗、经济投入等与试验数据的平衡。

(2)航天装备运行机制新、使用条件严与贴近实际使用条件试验方法的矛盾。

航天装备试验要求被试航天装备在贴近实际的使用条件下接受考核,但是区别于常规装备的全新运行机制和严格使用条件,向试验设计者提出了严峻的挑战。这就要求在航天装备试验设计中,深入研究航天装备的使用方法和保障要求,紧贴实际设计试验。

6.2 航天装备试验总体设计

航天装备试验总体设计,从试验任务组织实施的角度,以试验性质和目的为出发点,完成试验指标体系、试验项目、试验方法的设计,最终形成试验方案。本节结合航天器环境试验,介绍航天装备试验设计的基本程序。

6.2.1 明确试验性质和目的

明确航天装备试验与评价的性质和目的是开展试验任务的基础。航天装备试验任务的具体内容是根据试验性质和目的来确定的,试验的性质和目的不同,试验任务也就不同。例如,技术验证试验的目的是验证采用的某种先进技术是否达到了预期的效果,这种试验任务比较单一,试验项目较少,试验设计相对简单。而模拟条件开展的装备试验,其目的是考核装备的使用效能和适用性,试验项目较多,试验设计相对复杂。

各种规范性文件明确规定了航天装备试验的性质和目的,主要依据包括以下几方面。

(1)国家、军队制定的装备试验法规、标准。

(2)试验管理部门下达的年度试验任务工作计划等文件。

(3)被试航天装备研制总要求或研制任务书等技术文件和资料。

航天装备试验的性质由被试航天装备所处的寿命周期阶段决定,而规范性文件明确的试验目的是依据被试航天装备的使命任务拟制的,包括被试航天装备的作用对象、主要用途、使用条件等。因此,航天装备试验目的的根本依据是被试航天装备的使命任务,各种规范性文件是直接来源。

试验设计人员要对试验性质和目的进行分析,形成试验任务和试验保障两方面的基本构想。例如,航天器的环境试验是航天器发射前,在地面通过模拟其必须经历的环境条件,考核其在复杂环境中完成任务的能力。航天器环境试验的目的是考核和验证航天器对各种环境的适应能力,暴露其在设计和制造工艺中存在的问题和潜在缺陷。这个试验目的是根据航天器在发射、入轨及正常工作的全寿命周期中,必须经历的所有环境确定的,它是依据航天器的使命任务制定的。

航天装备试验总体设计的后续工作围绕试验性质和目的展开,试验目的居于核心的指导地位。

6.2.2 构建试验评估指标体系

试验评估指标体系是由用于考核被试航天装备的若干个相互联系的指标所构成的有机整体。一般情况下,试验评估指标体系是一个具有不同层次的树状体系。

构建试验评估指标体系的基本方法是依据被试航天装备的使命任务,将试验目的分解为若干关键使用问题,再将每个关键使用问题分解为不同层次、具有明确物理意义、可测的考核指标。构建试验评估指标体系的原则包括目的性、全面性、协调性和可行性等。

对于航天器环境试验,首先将其试验目的,即考核和验证航天器对环境的适应能力,对应于指标体系中的一级指标:环境适应性。其次将环境适应性分解为航天器能够适应发射、入轨和长期工作阶段的力学环境和太空环境。这两种环境是航天器在服役使用阶段必须面临的最主要、潜在危害最大的外界条件,因此是航天器环境试验中要考虑的两个关键使用问题。力学环境适应性分解为振动环境适应性、噪声环境适应性和爆炸冲击环境适应性,太空环境适应性分解为极端温度环境适应性、热设计的正确性和热真空环境适应性,这六项三级指标是可以通过设计试验实施考核和评估的,构成了航天器环境试验的底层指标,如表 6-1 所示。

表 6-1 航天器环境试验评估指标体系

一级指标	二级指标	三级指标
环境适应性	力学环境适应性	振动环境适应性
		噪声环境适应性
		爆炸冲击环境适应性
	太空环境适应性	极端温度环境适应性
		热设计的正确性
		热真空环境适应性

实际上,这是一个将试验目的逐层分解的过程。我们将环境适应性这个一级指标分解为六个三级指标。另外,在航天器环境试验中,还有其他一些通用指标需要试验考核,如电磁兼容性、剩磁矩、特定分系统泄漏率等。

6.2.3 设计试验项目

设计试验项目需要遵循 3 个原则:首先,依据装备使命任务和指标体系设置试验项目;其次,试验项目需要覆盖指标体系;最后,设置的试验项目需要具备技术可行性。

根据上述的项目设置原则,依据航天器环境试验的指标体系,设计该试验的具体项目,如表 6-2 所示。

对于力学环境适应性指标,设计正弦振动试验和随机振动试验考核航天器的振动环境适应性,设计声试验考核航天器的噪声环境适应性,设计爆炸冲击试验考核航天器的爆炸冲击环境适应性;对于太空环境适应性指标,设计热平衡试验考核航天器的极端温度环境适应性和热设计的正确性,设计热真空试验考核航天器的热真空环境适应性。另外,设计电磁兼容性试验、磁试验和检漏试验考核其他通用指标。

需要注意的是,待考核的试验评估指标与试验项目之间不是一一对应的关系,有时一项指标需要若干试验项目共同考核,综合这些项目得出的试验数据对该指标开展分析和评估;有时一个试验项目又能同时开展多个指标的考核。

表 6-2　航天器环境试验项目

一级指标	二级指标	三级指标	试验项目
环境适应性	力学环境适应性	振动环境适应性	正弦振动试验
			随机振动试验
		噪声环境适应性	声试验
		爆炸冲击环境适应性	爆炸冲击试验
	太空环境适应性	极端温度环境适应性	热平衡试验
		热设计的正确性	
		热真空环境适应性	热真空试验
	其他	电磁兼容性	电磁兼容性试验
		流体或高压分系统泄漏率	检漏试验
		剩磁矩	磁试验

6.2.4　设计试验方法

设计试验方法的主要内容包括各项目的试验目的、试验样本、因子水平、试验时间、环境模拟方法、数据采集要求和结果评估方法。这七项主要内容就是统计试验设计理论应用于装备试验活动中,研究范畴第一次扩展的内容。设计试验方法的核心工作是合理选取试验样本,科学设计因子水平及其组合,形成满足精度要求的结果评估方法。这 3 项内容需要统筹考虑、同步设计,而设计试验时间、环境模拟方法和数据采集要求为这 3 项核心内容提供了基本支撑条件。

以航天器热真空试验为例,说明试验方法的主要内容。

试验目的:检验航天器在热真空环境中承受特定级别温度环境的能力。

试验样本:航天器在特定级别温度环境中处于工作状态的时长。

因子水平:压力不高于 1.3×10^{-3} Pa;高温端:至少一个组件达到特定最高温度;低温端:至少一个组件达到特定最低温度。

试验时间:至少 6 次温度循环,每次循环在最高(低)温度值各保持至少 8h。温度变化的速率应接近预期的轨道温度变化速率。

环境模拟:在空间模拟器中进行试验,模拟压力、空间热辐射等环境条件。

数据采集:航天器所有组件按飞行状态工作,在第一次和最后一次温度循环时做性能测试,其他时间监视航天器主要性能参数。

结果评估:对试验采集的数据进行计算分析,得出试验结果值,将该结果值与预期的指标要求进行对比,并判定是否符合规定要求。

6.2.5 形成试验实施方案

试验实施方案是试验设计的最终成果,它是把理论成果付诸实践的桥梁,也是试验执行单位组织实施试验活动的基本依据,主要内容通常包括试验依据、试验目的、被试航天装备情况、试验指标体系、试验项目、试验条件、测试内容、试验子样数量、参试装备数量及要求、实施方法、试验问题处置预案等。

6.3 典型统计试验设计方法

统计试验设计方法研究的是装备试验中样本量的确定、因子水平及其组合的优化等问题,它是装备试验设计理论的统计学内核。

6.3.1 统计试验设计方法

1. 正交设计

正交设计的基本思想是:选择有代表性的样本点做试验,通过试验结果分析各因子不同水平的效应,以此为基础推断任意因子、任意水平搭配条件下装备的性能指标。正交设计的主要工具是正交表。

(1) 正交表。

下面通过一个示例说明正交表的性质及运用正交表安排试验的过程。

火箭发射装置温度—湿度—振动—高度试验,是为了确定温度、湿度、振动及高度对航天机电设备或电子装备在地面或飞行工作期间的安全性、完整性,以及性能的综合影响,可用于工程研制试验,也可用于鉴定试验。在该试验中,需要综合考虑温度、湿度、振动、高度 4 个因子,假设某次试验中这 4 个因子各取 4 个水平,如表 6-3 所示。

表 6-3 火箭发射装置温度—湿度—振动—高度试验因子水平表

水平	因子			
	温度/℃	湿度/%RH	振动频率/Hz	高度/m
1	-10	15	1	2000
2	0	25	10	4000
3	15	35	20	6000
4	30	45	30	8000

对于上述因子和水平的组合,若全部安排试验,每种组合进行一次试验,则需进行 $4^4 = 256$ 次试验。而用正交设计法,采用正交表 $L_{16}(4^5)$ 安排试验,则仅需进

行 16 次试验。正交表 $L_{16}(4^5)$ 见表 6-4。

正交表的一般记法为 $L_N(k^n)$，其中 L 表示正交表，n 表示正交表的列数，即运用该正交表可安排的试验因子数，k 表示各因子的水平数，N 表示正交表的行数，即运用该正交表需安排的试验次数。常用的正交表中，二水平的正交表有 $L_4(2^3)$、$L_8(2^7)$、$L_{12}(2^{11})$、$L_{16}(2^{15})$，三水平的正交表有 $L_9(3^4)$、$L_{27}(3^{13})$，四水平的正交表有 $L_{15}(4^5)$，五水平的正交表有 $L_{25}(5^6)$。正交表可在数学手册或正交设计的专著中查到，它包含如下主要性质。

① 均匀分散性。在正交表的每一列中，不同数字出现的次数相等。如对于 $L_{16}(4^5)$，每列中不同的数字是 1,2,3,4，它们各出现 4 次，这就保证了对于因子的不同水平其试验次数相等。均匀分散性使得试验点均匀地分布在试验范围内。

表 6-4　正交表 $L_{16}(4^5)$

试验号	列　号					试验号	列　号				
	1	2	3	4	5		1	2	3	4	5
1	1	1	1	1	1	9	3	1	3	4	2
2	1	2	2	2	2	10	3	2	4	3	1
3	1	3	3	3	3	11	3	3	1	2	4
4	1	4	4	4	4	12	3	4	2	1	3
5	2	1	2	3	4	13	4	1	4	2	3
6	2	2	1	4	3	14	4	2	3	1	4
7	2	3	4	1	2	15	4	3	2	4	1
8	2	4	3	2	1	16	4	4	1	3	2

② 整齐可比性。对于正交表的任意两列，将同一行的两个数字看成是有序数对时，每个有序数对出现的次数相等。如 $L_{16}(4^5)$ 中，有序数对共有 16 个：(1,1)，(1,2)，(1,3)，(1,4)，(2,1)，(2,2)，(2,3)，(2,4)，(3,1)，(3,2)，(3,3)，(3,4)，(4,1)，(4,2)，(4,3)，(4,4)。它们在任意两列中各出现一次，这就保证了对于不同因子的不同水平的两两组合，其试验次数相等。整齐可比性使试验结果的分析十分方便，易于估计各因子的主效应和部分交互效应。

在得到一张正交表后，可以通过下列初等变换得到一系列与它等价的正交表。

① 正交表的任意两列之间可以相互交换，这使得进行装备试验时，因子可以自由地安排在正交表的各列上。

② 正交表的任意两行之间可以相互交换，这使得装备试验的顺序可以自由选择，从而满足装备试验的随机化要求。

在火箭发射装置温度—湿度—振动—高度试验的例子中，运用正交表安排试验,得到的试验方案如表6-5所示。

表6-5　火箭发射装置温度—湿度—振动—高度试验方案设计

试验方案号	温度/℃	湿度/%RH	振动频率/Hz	高度/m
1	−10	15	1	2000
2	−10	25	10	4000
3	−10	35	20	6000
4	−10	45	30	8000
5	0	15	10	6000
6	0	25	1	8000
7	0	35	30	2000
8	0	45	20	4000
9	15	15	20	8000
10	15	25	30	6000
11	15	35	1	4000
12	15	45	10	2000
13	30	15	30	4000
14	30	25	20	2000
15	30	35	10	8000
16	30	45	1	6000

（2）混合水平的正交试验设计。

在前面介绍的多因子试验中,各因子的水平数都是相同的,然而在实际试验中,有时限于客观条件,所考察的因子水平数并不一定完全相同,此时就需要采用混合水平正交表安排试验,或者对正交表进行改造后安排试验。下面对这两种方法进行简要介绍。

① 混合水平正交表。

混合水平正交表是各因子水平数不完全相同的正交表。表6-6就是一个混合水平的正交表。

表6-6　混合水平正交表 $L_8(4^1 \times 2^4)$

试验号	列　　号				
	1	2	3	4	5
1	1	1	1	1	1
2	1	2	2	2	2

试验号	列　　号				
	1	2	3	4	5
3	2	1	1	2	2
4	2	2	2	1	1
5	3	1	2	1	2
6	3	2	1	2	1
7	4	1	2	2	1
8	4	2	1	1	2

　　混合水平正交表 $L_8(4^1 \times 2^4)$ 有 8 行、5 列,表示用这张表需要做 8 次试验,最多可安排 5 个因子,其中一个因子是四水平(第 1 列),4 个因子是二水平(第 2 列到第 5 列)。表 $L_8(4^1 \times 2^4)$ 有两个重要特点:首先,每一列中不同数字出现的次数是相同的,如第 1 列中有 4 个数字 1,2,3,4,它们各出现两次;第 2 列到第 5 列中都只有两个数字 1 和 2,它们各出现 4 次。其次,每两列各种不同的水平搭配出现的次数相同,但每两列不同水平搭配的个数是不完全相同的。第 1 列是四水平列,它与其他二水平的任何一列放在一起,各行组成的不同的数对一共有 8 个,它们各出现 1 次。第 2 列到第 5 列都是二水平列,它们之间任何两列的不同水平的搭配共有 4 个,它们各出现两次。

　　可以看出,用表 $L_8(4^1 \times 2^4)$ 安排混合水平的试验时,每个因子各水平之间的搭配也是均匀的。其他混合水平的正交表还有 $L_{12}(3^1 \times 2^4)$、$L_{16}(4^1 \times 2^{12})$、$L_{16}(4^3 \times 2^8)$、$L_{18}(2^1 \times 3^7)$ 等,它们都具有上述两个特点。

　　② 正交表的改造。

　　因子水平数不等的正交设计情况复杂多样,不可能对所有情况都事先编制水平数不等的正交表,此时可通过对一张现有正交设计表(称为基本表)的灵活改造而安排水平数不等的正交设计。正交表的改造方法主要包括并列法、拟水平法、组合法等。

　　2. 均匀设计

　　正交设计为降低多因子、多水平下的试验次数提供了一种优化设计方法。然而,当某些试验中需要考察较多的因子,并且每个因子的变化范围又较大时,如果用正交表,则需要安排较多次数的试验。当试验中变量取值范围大,所需考虑的水平多时,可采用均匀设计(uniform design)方法进行试验设计,从而降低试验的样本量。均匀设计也称为均匀设计试验法(uniform design experimentation),它是由方开泰教授和数学家王元在 1978 年共同提出的。

均匀设计借助于均匀设计表进行试验安排,并运用回归分析方法完成数据的统计分析。对于均匀设计已有较多的研究文献,在装备试验中也有大量的应用。

(1) 均匀设计表。

下面结合示例,说明均匀设计表的性质与运用均匀设计表安排试验的过程。

表 6-7 为具有 7 行 6 列的均匀设计表 $U_7(7^6)$,运用该表最多可安排 6 个因子,每个因子取 7 水平的试验。

表 6-7　均匀设计表 $U_7(7^6)$

试验号	列　　号					
	1	2	3	4	5	6
1	1	2	3	4	5	6
2	2	4	6	1	3	5
3	3	6	2	5	1	4
4	4	1	5	2	6	3
5	5	3	1	6	4	2
6	6	5	4	3	2	1
7	7	7	7	7	7	7

均匀设计表的一般记法为 $U_N(q^m)$ 或者 $U_N^*(q^m)$,其中 U 或者 U^* 表示均匀设计表,m 表示均匀设计表的列数,即运用该均匀设计表可安排的试验因子数,q 表示各因子的水平数,N 表示均匀设计表的行数,即运用该均匀设计表需安排的试验次数。

U 的右上角加"*"和不加"*"代表两种不同类型的均匀设计表(所有的 U_N^* 是由 U_{N+1} 中删除最后一行而获得的),通常加"*"的均匀设计表具有更好的均匀性,应优先选用。

均匀设计表具有如下主要性质。

① 每列中每个数字只出现一次。

② 任意两列同行数字构成的有序数对各不相同,如表 6-7 的第 2 列和第 5 列,每行构成的数对分别为 (2,5),(4,3),(6,1),(1,6),(3,4),(5,2),(7,7),每个数对仅出现一次,这就保证了在试验过程中,不同因子不同水平的试验搭配相对比较均匀。

相比正交设计,均匀设计仅考虑了全面试验点中代表点的均匀分散性,而未考虑整齐可比性,因此其试验布点的均匀性会比正交设计试验点的均匀性更好,使得试验点具有更好的代表性。由于均匀设计不再考虑正交设计中为"整齐可比"而设置的试验点,因此大大减少了试验次数,这是它与正交设计法的最大不同之处。

在均匀设计表的使用过程中,为了保证试验过程中各因子水平搭配的均匀性,每张均匀设计表都附有使用表,如 $U_7(7^6)$ 的使用表见表6-8。

表6-8 $U_7(7^6)$ 的使用表

S	列号				D
选择2列时	1	3	—	—	0.2398
选择3列时	1	2	3	—	0.3721
选择4列时	1	2	3	6	0.4760

表中,最后一列 D 称为偏差,表示均匀设计表的均匀性,D 越小,均匀性越好。当在均匀设计表 $U_7(7^6)$ 中选择2列使用时,应选择第1、3列,此时偏差为 $D=0.2398$;当选择3列使用时,应选择第1、2、3列,此时偏差为 $D=0.3721$;当选择4列使用时,应选择第1、2、3、6列,此时偏差为 $D=0.4760$。若需选择更多的列时,则均匀设计表 $U_7(7^6)$ 不再适合。

(2) 混合水平的均匀设计。

在装备试验中,有时各因子的水平数并不一定完全相同,此时就需要采用拟水平均匀设计表完成试验设计。如在一项试验中,有两个因子 A、B 都为三水平,一个因子 C 为二水平。分别记它们的水平为 $A_1A_2A_3$、$B_1B_2B_3$ 和 C_1C_2,此时可采用表6-9的拟水平均匀设计表进行试验设计。

表6-9   拟水平均匀设计表 $U_6(3^2 \times 2^1)$

试验号	列 号		
	A	B	C
1	1	1	1
2	1	2	2
3	2	3	1
4	2	1	2
5	3	2	1
6	3	3	2

对于因子 A、B 为五水平和因子 C 为二水平的试验,可采用表6-10的拟水平均匀设计表进行试验设计。

表 6-10　拟水平均匀设计表 $U_{10}(2^5 \times 2^1)$

试验号	列　　　号			试验号	列　　　号		
	A	B	C		A	B	C
1	1	1	1	6	3	1	2
2	1	2	2	7	4	2	1
3	2	3	1	8	4	3	2
4	2	4	2	9	5	4	1
5	3	5	1	10	5	5	2

3. 统计验证试验设计

进行参数的置信区间估计,当置信水平一定时,随着样本容量的增加,置信区间会变小。例如,在总体分布为正态分布条件下,随着样本容量的增加,样本均值的密度函数趋于集中(统计量的方差减小),置信区间的宽度不断减小,逐渐趋近于零。然而在实际中,由于受到试验经费、试验时间等的影响,使得样本容量不能无限增加,选择多大的样本容量才能满足试验鉴定的要求? 这就是试验设计需要解决的问题。

同样,对于指标的假设检验,增加样本容量可以降低研制方风险和使用方风险。对于正态分布均值的假设检验,随着样本容量的增加,两类风险水平同时降低,并逐渐趋近于零。在实际工程中,样本容量不能无限制的增加,在满足两类风险要求下,如何计算试验需要的样本容量,也需要通过试验设计来实现。

统计验证试验设计是基于试验鉴定中的置信水平和两类风险要求,对试验所需的样本容量进行计算。它分为如下三种情况。

(1)给定置信水平要求的试验设计。

给定置信水平要求的试验设计,是通过计算分析选择满足置信区间估计精度要求的最小样本容量或最短试验时间(针对寿命试验),即在给定置信水平 γ($\gamma = 1 - \alpha$,α 为显著性水平)、置信区间 $[\hat{\theta}_L, \hat{\theta}_U]$ 宽度要求或置信上(下)限 $\hat{\theta}_U(\hat{\theta}_L)$ 要求下,对试验所需的样本容量或试验时间进行设计。

给定置信区间的宽度要求,其目的是要求区间估计的精度达到要求值,确保性能指标估计的准确性,即选择满足下式要求的最小样本容量:

$$P(\hat{\theta}_U - \hat{\theta}_L \leqslant d) = \gamma$$

式中:d 为置信区间的宽度要求。

给定置信上(下)限要求的试验设计,是针对合同或研制任务书规定的性能指标的最低可接受值,设计试验方案,给出性能指标是否满足要求的判断准则。如对于可靠性服从二项分布的装备,要求其可靠性水平 p 在置信水平 $1-\alpha$ 下不得低于 λ,则试验设计就是选择最小试验数 n 和试验失败数 f,判断准则为:当 n 次试验中出现小于等于 f 次失败,则认为产品的可靠性指标达到要求,否则认为其未达到要求。

在上述两种要求下,需首先选择不同分布条件下参数置信区间的计算公式,给定相关的抽样要求,其次通过求解关于置信区间计算的公式,给出抽样方案。

(2) 给定两类风险要求的试验设计。

在装备性能指标的假设检验中,为了保护研制方与使用方的利益,将研制方风险 α 与使用方风险 β 固定为某一特定值,通过计算选择同时满足假设检验中两类风险要求的最小样本容量或最短试验时间,这就是给定两类风险要求的试验设计,即根据如下公式求解试验方案:

$$\begin{cases} P(H_0 \mid H_1) \leqslant \alpha \\ P(H_1 \mid H_0) \leqslant \beta \end{cases}$$

式中:α、β 为给定的两类风险水平要求;H_0、H_1 为对装备性能指标检验的零假设和备择假设,可表示为

$$H_0: \theta \in \Theta_0, H_1, \theta \in \Theta_1$$

式中:Θ 为 θ 的可能取值集合;Θ_0、Θ_1 为 Θ 的一种分划,$\Theta_0 \cup \Theta_1 = \Theta, \Theta_0 \cap \Theta_1 = \phi$。

(3) 给定两种情况相结合要求的试验设计。

对于上述两种情况相结合的要求(如对产品的可靠性验证试验,选用假设检验与置信水平相结合的方法来描述产品的可靠性真值),选择试验方案时,通常在可选择的试验方案中选择同时满足两类要求的最小样本容量的试验方案。

4. 序贯试验设计

前面介绍的统计验证试验设计是在试验前确定所需要的样本容量,在试验中对选择出的样本个体进行全数试验,得出试验数据。这种方法的优点是便于试验的计划和组织,但在有些情况下,也会造成浪费。

如对于指数寿命型的定时截尾试验,在 $\alpha = \beta = 0.10$ 和 $\theta_0 / \theta_1 = 1.5$ 的要求下,需要的试验时间为 $T = 45\theta_1$,若在试验截尾时出现的故障次数小于等于36,则接受原假设,否则拒绝原假设。事实上,若在试验过程中未达到固定的截尾时间 $45\theta_1$ 时,已出现了36次故障,则可以停止试验做出判决,无须将试验进行到底。

人们在20世纪40年代就普遍认识到,样本容量不必预先固定,可以根据抽样(或观测)过程中出现的情况来决定何时停止抽样(或观测),即"试试看看,看看试试",每试验一次,便可根据试验的结果决定采纳或者拒绝原假设,并决定下一步的试验计划。因此,样本是一个一个地逐次抽样得到的,称为序贯样本。序贯统计为装备的统计试验设计提供了新思路。它可以证明在同样的检验水平要求下,序贯

检验的平均试验数小于非序贯检验的试验数。

序贯试验设计需要明确两个法则:①何时停止;②如何根据停止时的全部数据对总体参数做出统计推断。

序贯试验设计的基础是序贯概率比检验(sequential probability ratio test, SPRT),其基本思想如下所述。

设有统计假设

$$H_0 : X \text{ 的分布密度为 } f_0(x), H_1 : X \text{ 的分布密度为 } f_1(x)$$

设 $x_1, x_2, \cdots, x_n$ 为样本观测值,考虑如下似然比统计量

$$\lambda_n = \frac{\prod\limits_{i=1}^{n} f_1(x_i)}{\prod\limits_{i=1}^{n} f_0(x_i)}$$

式中:$\prod\limits_{i=1}^{n} f_1(x_i)$、$\prod\limits_{i=1}^{n} f_0(x_i)$ 为在 H_1、H_0 成立的条件下,在第 n 次试验结束时,x_1, $x_2, \cdots, x_n$ 出现的分布密度函数取值。

从上式可见,λ_n 表示两个密度函数值的比值。按照似然原理,当 λ_n 很大时,说明 H_1 为真的可能性远大于 H_0 为真的可能性,即可拒绝 H_0。同理,当 λ_n 很小时接受 H_0。而当 λ_n 适中时则不做结论,需继续观测。这就是序贯检验的思想。Wald 将该思想进行了细化,结合两类风险要求,给出了具体的检验方法。

Wald 的 SPRT 检验方法是:确定两个常数 A、$B(0<A<1<B)$,当试验中出现第一个满足 $\lambda_n \leqslant A$ 或者 $\lambda_n \geqslant B$ 的结果时,终止试验。用数学描述为

$$\tau = \inf\{n : n \geqslant 1, \lambda_n \notin (A, B)\}$$

根据逐次试验数据计算 λ_n,若 $\lambda_n \notin (A, B)$ 则停止试验,否则继续试验。判断法则包括以下几点。

(1) 当 $\lambda_n \leqslant A$ 时,接受 H_0。

(2) 当 $\lambda_n \geqslant B$ 时,拒绝 H_0。

(3) 当 $A < \lambda_n < B$ 时,抽取样本,继续试验。

对于常数 A、B 的确定,在考虑两类风险 α、β 的条件下,取

$$A \approx \frac{\beta}{1-\alpha}, B \approx \frac{1-\beta}{\alpha}$$

6.3.2 小子样试验设计方法

1. 小子样试验设计方法的提出

航天装备具有体系规模庞大、模块关系复杂、功能深度融合等特点,在对其开展试验设计时,面临以下新的困难。

（1）航天装备试验样本容量少，考核指标多。

航天装备的研制、试验与采购费用昂贵，样本量有限，如何科学合理地确定最少的试验样本量，为航天装备采办项目管理提供决策依据，已成为迫切需要解决的现实问题。

如采购总量为 10000 枚的导弹，为了以 90% 的置信水平估算其引爆能力，按照二项分布有置信水平要求的试验样本量的计算方法，在所有试验结果无失效的情况下，需发射 22 枚导弹，若在试验中出现产品失效，需发射 148～174 枚导弹。因此，要得出"是/否"的决策，建立在经典统计理论基础上的试验样本量常常超出试验资源的限制，这就说明单纯依靠实装试验来评定装备的性能指标越来越困难。另外，在装备试验评价中，需要考核可靠性、维修性、命中精度等多种指标，若每种指标都进行试验，则需要大量的样本个体。

（2）航天装备试验信息来源多样。

建模与仿真（M&S）技术、测控技术、信息管理技术等的发展，使得航天装备试验中具有多种可用的信息，如仿真信息、装备的状态监控信息、多种来源的试验测试信息、子系统信息、历史试验信息等。由于多源信息的总体不断发展变化，信息获取条件存在较大差别，在试验中采信多源信息必须对信息融合技术进行研究。

（3）被试航天装备发展变化。

航天装备在研制过程中不断应用新技术、新材料，型号技术状态会经历多个研制阶段和批次。从试验工作的角度看，被试航天装备在整个寿命周期中不断发展变化；从试验设计的角度看，试验数据的统计总体处于不断的变动过程中。因此，传统的基于固定总体假设的统计试验理论难以应用。

现场试验子样少，多种来源的试验信息多，是航天装备试验设计的典型特点。因此，必须突破经典的统计试验理论，对小子样条件下的试验鉴定方法进行研究。Bayes 方法的发展与应用技术的研究，为小子样条件下充分利用各种信息完成航天装备的试验鉴定提供了可行的理论与方法。

2. Bayes 方法的基本原理

Bayes 方法是指充分运用可以利用的信息（如武器装备历史信息、研制各阶段的试验信息、可继承的信息、仿真试验信息、专家信息等），在只进行少量现场试验（如靶场定型试验或部队试验）的情况下，对装备的性能指标进行评价的理论。它是综合运用总体信息、样本信息、验前信息对装备的性能指标进行评价的理论，如图 6-2 所示。

Bayes 方法和经典统计方法都强调对总体信息和样本信息的使用。相比经典统计方法，Bayes 方法在信息的使用上增加了验前信息。通过对验前信息的收集、挖掘和加工，使其参与到统计推断中，解决由于样本信息不足导致统计推断可信度低的问题。

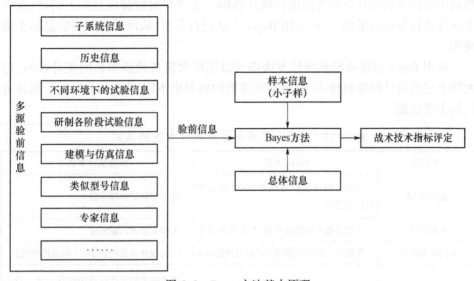

图 6-2　Bayes 方法基本原理

在 Bayes 方法的工程应用中,需要注意以下几点。

(1) 验前信息的可信性分析。验前信息的分析与运用是 Bayes 方法的前提和基础,验前信息的质量直接关系到统计推断结论的正确性。因此,要认真分析验前信息的来源,确保其准确、可信,并通过统计分析方法研究其可信程度。对于可信度低的验前信息应直接舍弃或者经过一定处理后再使用。针对专家信息等较为主观来源的信息,由于涉及专家本人的主观偏好和其判断的不确定性,因此需要客观分析,研究其使用的条件,分析其可信程度。

(2) 验前信息的折合研究。由于验前信息在通常条件下与被试装备不是来自于同一总体,此时就涉及验前信息的折合问题,应通过统计分析及可靠性增长分析等方法,将验前信息折合为与现场信息具有一致分布的信息。

(3) 验前信息的稳健性研究。验前信息的稳健性即验前信息对验后分布或者验后估计的"灵敏性"。由于验前信息来源的多样性和其本身存在的不确定性,为了保证验后估计的稳定性,需要对验前信息的稳健性进行分析,以降低由于人为疏忽或者验前信息的微量扰动对验后分析的影响。

(4) 验前信息的数量要求。Bayes 方法主要应用于现场试验样本容量小、验前信息量大的情况。因此,在应用 Bayes 方法时,要注意对多种来源的验前信息的收集与分析。只有在大量验前信息的基础上,才能确保统计推断的准确性。

(5) 统计中避免信息的"混用"。验前信息来源渠道多样,获取相对容易,充足的验前信息是开展 Bayes 试验设计的基础,但是同样存在过量的验前信息"淹没"现场小子样信息的问题。因此,不能简单地将验前信息与现场试验信息融合,然后用大样本的统计分析方法进行统计推断。需要在对验前信息的可信度、折合方法等进行分析的基础上,再运用 Bayes 方法进行分析,从而确保两类信息的正确使用。

运用 Bayes 方法和经典统计方法都可以完成对装备性能指标的统计推断,但两种方法的统计推断机理不同,对某些参数的解释也不同,表 6-11 列出了两种方法的主要区别。

表 6-11　Bayes 方法与经典统计方法的区别

比较项	Bayes 方法	经典统计方法
适用范围	现场实物试验信息样本量小,相关验前信息量大	现场实物试验样本量大
θ 的理解	未知参数 θ 为随机变量,具有某种分布	未知参数 θ 为固定值
θ 的区间估计	真值在区间内的概率(区间是固定的)	区间包含真值的频率(区间是可变的)
θ 的点估计	使某种损失达到最小的估计	通过极大似然估计或矩估计实现。对于方法的评估有一定的准则,如要求估计的无偏性、优良性、相合性等
假设检验方法	运用损失函数,计算不同假设下的损失,选择使损失达到最小的假设得出检验	用小概率原理,通过统计量的分布得出结论
所使用的信息	验前信息、样本信息、总体信息	样本信息、总体信息
样本数据量	正确运用 Bayes 方法时,小样本条件下的试验鉴定结果准确、可信	小样本条件下,试验鉴定结果的可信度较低

基于 Bayes 方法的应用过程如图 6-3 所示,具体步骤如下所述。

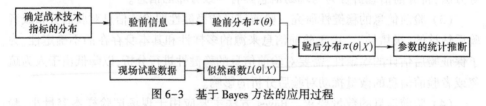

图 6-3　基于 Bayes 方法的应用过程

第一步:确定要评价的性能指标所服从的分布,列出需要用 Bayes 方法进行分析的未知参数(记为 θ)。

第二步:收集分析需要评价的性能指标的多源验前信息,经过可信性分析、折合、稳健性分析、多源信息的融合,将验前信息转化为未知参数的分布,称为验前分布(记为 $\pi(\theta)$)。

94

第三步：通过现场试验，获取试验数据，形成似然函数 $L(\theta|x)$。

第四步：运用 Bayes 公式，将验前分布与似然函数融合，得到 θ 的验后分布 $\pi(\theta|x)$。

第五步：由于 $\pi(\theta|x)$ 是关于未知参数 θ 的分布，并且是已知的、确定的分布，因此基于 $\pi(\theta|x)$ 即可完成参数 θ 的统计推断，包括点估计、区间估计、假设检验等。

第7章 航天地面试验

航天器等航天装备自身的固有性能是由设计赋予的,在其研制生产过程中通过严格的管理,并对其性能进行充分的试验验证和考核,最大程度地实现其设计要求的性能和质量目标。通过国内外大量的实践经验证明,在地面开展充分的试验是验证航天装备的性能,检验其设计与制造的质量,暴露其潜在缺陷,减少其早期失效风险的最主要且经济有效的手段。在工程研制阶段,通常需要开展大量的试验活动,从试验对象技术状态和级别划分包括:第一类是针对元器件、零部件和材料组织实施的基础性试验;第二类是针对航天装备的各个分系统组织实施的各种环境试验、功能性试验和可靠性试验;第三类是针对航天装备组织实施的系统级试验。本章重点介绍以航天器和运载器为代表的航天装备,在工程研制阶段和地面条件下开展的分系统和系统级试验活动,主要包括环境试验、功能性能试验和通用质量特性试验三类。

7.1 环 境 试 验

运载器、航天器等航天装备的运行使用环境十分复杂,主要可分为:①力学环境,主要包括振动、噪声、爆炸、冲击和加速度。②自然环境,包括太空环境和地面环境,其中太空环境主要包括真空、冷黑、温度交变、太阳辐射、粒子辐射、原子氧、磁场、微重力、微流星、太空碎片等;地面环境包括温度、湿度、雨淋、沙尘、霉菌等。③电磁环境。这些环境相互作用产生的影响效应,是航天装备设计研制过程中必须考虑的内容。因此,考核和检验航天装备能否在各种环境下正常工作,其最有效的方法是进行环境适应性试验。航天装备的环境试验可分为:①力学环境模拟试验,主要包括正弦振动试验、随机振动试验、噪声试验、冲击试验、加速度试验等;②热环境模拟试验,主要包括高温试验、低温试验、高低温循环试验、温度冲击试验等;③太空环境模拟试验,主要包括低气压试验、热平衡试验、热真空试验、真空冷焊试验、总剂量效应辐照试验(包括电子辐照、质子辐照、γ射线辐照等)、单粒子效应试验、紫外线辐照试验、原子氧辐照试验、空间碎片和微流星体环境模拟试验、空间充放电效应模拟试验(包括表面充电模拟试验、内带电模拟试验、空间静电放电辐射干扰试验、空间静电放电传导干扰试验)等;④气候试验,主要包括湿度试验、沙尘试验、淋雨试验、盐雾试验、爆炸大气试验等;⑤综合环境试验,它是指同时模拟两种或两种以上环境因素进行的试验,通常包括温度—湿度—振动试验、振动—噪声—温度试验、高低温循环—振动试验、电子—质子—紫外线辐照试验等。在此主要介绍典型的环境试验活动。

7.1.1　静力试验

静力试验是在试验室的条件下,利用试验装置再现载荷及边界条件,观测和研究装备结构的零、部件应力状态的试验。它不但是验证结构形式合理性和结构静力分析正确性的重要手段,而且在为建立新的分析模型和工程理论提供结构特性参数,为研制新型航天装备积累设计资料,对改进结构设计、减小结构质量与提高装备可靠性等方面均起着重要作用。航天器等装备的结构(包括机构)实际上要受到各种稳定加速度载荷和动载荷的综合作用,为了验证这些载荷条件下装备结构的强度和刚度性能,通常的方法是进行静力试验。

1. 静力试验目的

静力试验是验证结构强度和刚度的一种常见的重要试验,它可以通过“设计”一个最严重的载荷条件,来有效地验证结构的强度。其具体目的包括以下几方面。

(1) 在装备研制方案设计过程中,测定模型中的应力和变形,根据测定的结果选择零部件最合理的尺寸和结构形式。

(2) 测定真实结构中零部件的应力状态,找出最大应力的位置,从而评定结构的可靠性,并为提高结构的承载能力提供科学依据。

(3) 对损坏或失效的部件进行结构分析,提出改进措施,防止类似的损坏或失效现象再次出现。

(4) 对装备的新工艺、新材料、新结构的应用进行考核。分析新工艺、新材料能否达到设计要求。对成熟的工艺方法,在成批生产中进行抽检,确定装备能否交付使用。

(5) 对理论计算进行校核,并从试验中探索规律,为创造新的理论计算方法提供试验依据。

综上所述,静力试验主要是为了验证航天装备结构(包括机构)的设计问题,特别是强度与刚度问题,因此,它是与航天装备结构设计密切相关的试验项目。

2. 静力试验方式

由于航天器所受的静载荷实质上是惯性载荷(其值相当于航天器各点加速度与相应质量的乘积,方向与加速度方向相反),因此,比较合理的方式是使航天器直接进行加速度试验,目前可采用的方法是离心机试验。离心机的主要部分是一个可在水平平面内绕固定轴转动的长臂,试验件安装在长臂的一端,为消除重力作用的影响,在长臂的另一端加适当的配重物以保持平衡。试验时,长臂以某一角速

度 ω 转动,若 γ 为试验件上各点到转动轴线的半径,则试验件将受到指向转动轴线的加速度 $\gamma\omega^2$ 作用,因此,各点受到的惯性载荷(离心力)为 $-m\gamma\omega^2$,其中 m 为相应各点的质量。

离心机试验基本上能够模拟惯性载荷,但存在以下缺点:试验的加速度值与半径 γ 大小有关,这与保持各点加速度相同的试验要求不完全符合;各点离心力沿转动半径 γ 方向相互不平行,这与保持载荷相互平行的要求不符合;鉴于受试件呈转动状态,不能采取机械或光学方式进行测量,即使采用电测,由于受转动轴滑环通道数目和性能的限制,电测的数目、种类和测量精度也受到很大限制;试验设备复杂,并且需要占用较大的试验场地。鉴于上述原因,离心机试验一般仅适用于小型航天器或小型结构件。

因此,航天器结构的加速度试验主要采用真正"静"载荷模拟的方式,称为静力试验或静载荷试验。它在结构的某些部位和方向上施加离散的载荷,使得结构中产生应力和变形的效果与分布惯性力作用下的效果相当。

对于较大型结构,通常采用液压作动筒通过杆系施加的离散载荷(较小的载荷有时也可采取重力砝码加载);对于较小结构零部件,如果施加的离散载荷仅为简单的单项载荷,则可采用液压试验机通过相应的试验夹具进行加载。虽然这种试验方式不能完全模拟真实的惯性力(加速度)分布,但克服了上述离心机试验的缺点。

3. 静力试验的工作程序

静力试验的工作程序,一般可分为 4 个阶段。

(1) 制定试验方案。

试验方案是实现试验载荷、边界条件和应变、位移测量的基本方案,它综合反映了试验工作进行的全过程,是试验的指令性技术文件,以试验方案简图和必要的文字说明组成。制定试验方案是整个试验工作的基础,必须全面、仔细考虑,充分利用试验室现有试验设备、仪器、传感器的条件,主要明确试验内容、要求的必要性和实现的可能性,重点讨论试验载荷的简化及其实现方法、边界条件的模拟和应变、位移的测量等问题,使试验方案具有可靠性、先进性和经济性。

(2) 试验安装与准备。

试验安装与准备工作具体包括:检查试验件的供应状态,并做详细记录,黏粘电阻应变计,试验设备的清点、配套和预装。

指导安装工作的技术文件是试验安装图和安装工艺规程。在试验件及其试验设备安装完成后,即可安装位移、载荷传感器,并连接测量导线,布置测量设备。由于试验件和试验设备尺寸和质量较大,应特别重视技术安全工作,如试验件和设备的起吊、运行,试验件和设备、设备和设备的对接,试验件破坏时零件碎片的飞出等,都容易出现安全问题,应有相应的安全措施,以保证人员、试验件、仪器设备的安全。

（3）试验实施。

通常在正式试验前均需做预加载试验,其目的是:检查试验设备及测量仪器、传感器的工作状况是否正常,消除试验件与设备、设备与设备之间的间隙,对测量数据进行初步分析。

预加载试验的程序同正式试验一样,只是加载、测量级别较少,一般预备性试验的最大载荷为设计载荷的 30%~40%。根据需要,预加载试验可重复进行。

正式试验必须在检查分析各系统工作均正常的情况下进行,重点关注以下问题。

① 分级加载。为便于测量和观察,应分级加载,通常每级载荷不超过设计载荷的 20%;在到达设计载荷后,接近破坏载荷时,载荷分级应适当减小(如 5%~10%的设计载荷为一级),以便准确地确定试验件的破坏载荷值。

② 单调、缓慢加载。结构静力试验对载荷的要求是随时保持试验件的受力处于静平衡状态。因此,加载应缓慢进行,在加载过程中各加载点应按比例协调。为减小测量误差,加、卸载应单调进行,达到试验载荷后,不应上下反复调整。由于载荷在传递过程中存在滞后效应,当载荷稳定后,才能进行应变、位移测量。

③ 根据试验中试验件的变形情况,随时观察并记录试验件的变形及响声,拍摄现场照片或对整个试验过程录像,以便详细记录试验件变形的全部过程。

（4）试验结果分析。

正式试验结束后,应根据试验方案对采集到的试验数据进行详细的分析处理,给出试验获得的主要数据、现场照片和绘制的有关试验曲线,提出结论和相应的改进建议,形成试验报告。对试验件给出强度结论(如合格或不合格),应全面分析结构设计、生产工艺等因素,同设计、生产单位共同讨论确定。如果制定了强度规范,并在规范中有明确的验收合格标准,则试验单位可根据该标准在试验报告中做出强度结论。

7.1.2　力学环境试验

航天装备在执行任务的过程中会经历各种类型的力学环境,包括振动、噪声、冲击、加速度等,它是在运输、装卸、起落、发射、飞行、分离、着陆、返回等过程中诱导产生的。航天装备能否正常运行工作,很大程度上取决于它对这些环境的适应性,而检验航天装备力学环境适应性的有效途径,就是对其进行充分而适度的力学环境模拟试验。力学环境试验的目的包括两方面:一方面是对航天装备结构设计进行验证,使其在整个寿命期能够经受各种动力学环境而正常工作;另一方面是对航天装备制造质量进行环境检验,发现材料、元器件、制造工艺等方面的潜在缺陷,从而保证其运行使用的可靠性。因此,在航天装备研制过程中,力学环境试验对航天装备研制质量的保证起着至关重要的作用。

1. 振动试验

振动环境因其作用的持久性、环境效应的严重性以及环境本身的复杂性,成为装备工程相当重要的环境因素。在航天装备研制过程中,必须开展振动试验,用于考察装备所受的振动环境和环境效应,验证装备能否承受寿命周期内的振动与其他环境因素叠加的条件并正常工作。

振动试验的具体目的包括以下几方面。

(1) 验证装备设计方案选取的合理性,确定实际设计余量,获取装备各部位的响应参数,修正分析用的数学模型,为完善和优化设计提供依据。还可通过试验中所测部位的振动响应,为修改或制定部件级振动试验条件提供依据。

(2) 暴露装备在材料工艺和制造方面可能存在的问题,确定其在振动试验条件下的协调性和匹配性,为完善和优化制造工艺提供依据。

(3) 验证样机对各种振动环境条件的适应性,考核装备结构或机构承受鉴定级振动环境条件的能力,为装备性能鉴定提供依据。

常用的振动试验方法包括正弦振动试验和随机振动试验。

正弦振动试验是指试验时输入的载荷以正弦函数的方式随时间变化,它是目前常用的一种试验方法。正弦振动是指振动加速度(速度或位移)呈周期性的简谐运动。任一瞬间,激励是单一频率。正弦振动位移、速度和加速度幅值之间的关系为

$$V = 2\pi f D = \omega D$$
$$A = (2\pi f)^2 D = \omega^2 D$$

式中:D 为位移幅值(峰值);V 为速度幅值;A 为加速度幅值;f 为频率在规定的频率范围内(如 $5 \sim 2000$Hz),以线性或对数扫频的方法,平滑地改变频率,按试验条件控制不同频率的振动量级,即为正弦扫频。正弦扫频振动试验时,装备某重要部位在某频带的响应可能超过预先设定的最高环境预示值。这是试验的边界条件和激励方式与真实情况不同而造成的。为了使重要部位不因超过试验的边界条件而失效,在此频带内改用该部位的响应值的限量进行控制,这样,在原控制点的谱图上就出现了局部下凹,即带谷。这种方法称正弦扫频响应限控制。如果要进行重复试验,已经有了下凹试验数据,可以直接在试验条件中设置"下凹",不用再进行响应限控制,称为带谷控制。

随机振动试验是指试验时输入的载荷以随机函数的方式随时间变化。随机振动是任一瞬间各种频率成分的能量同时作用在试验件上,由于无法预测振动波动的变化规律,只能用统计的方法来描述。常用均方根、功率谱密度来表示随机振动。

随机振动试验的随机信号,通常以加速度谱表示,称为加速度功率谱密度。随

机振动试验分为宽带随机和窄带随机等类型。宽带随机的频带一般在 20 ~ 2000Hz。如果要求功率谱密度集中在足够窄的频带内,或者振动台的功率不足以维护宽带随机时,则采用分段、窄带随机激振。使用数字振动控制方法,借助于离散快速傅里叶变换(FFT),很容易实现随机振动。

振动试验机(振动台)系统是产生振动,并将其传递到试验件的振动发生设备,用于研究振动环境效应,评估装备的力学特性。不同的振动发生原理和振动传递方式构成不同类型的振动试验机结构。振动台系统通常由振动台、功率放大器、水平滑台和控制系统组成。

适用于振动环境试验的振动台主要包括机械振动台、电动振动台、电液振动台三类。目前,航天装备振动试验大多采用电动振动台,它具有频率范围宽、波形失真小、容易控制,以及可实现多个振动台同步运行等优点。电动振动台主要由台体、功率放大器、整流器(静圈的电源)和辅助冷却系统组成。台体具有由振动台面和驱动线圈组成的运动组件,在直流励磁线圈和铁芯形成的恒定磁场中,驱动线圈产生交变的电磁力,从而激起台面的振动。功率放大器是振动台的动力源,它把来自信号源的小功率信号放大,输出给驱动线圈足够的、不失真的功率。功率放大器需要相应的辅助冷却系统。目前振动台的推力可达 200kN(正弦)以上,下限频率可以低至 2Hz。

水平滑台是航天装备水平方向振动试验的辅助设备,它是振动台系统的组成部分,其工作原理是将滑台台面支承在静压轴承上,平台和轴承间形成一层油膜。如果装备质量很大,则需要加强台面以增加刚度。

大规模开关式功率放大器(开关频率达 100MHz)具有大功率、可组合、波形好、输出阻扰高等优点,此类功放和电动台的动圈直接耦合,使电动台下限频率低于 5Hz。

控制系统是振动台系统的核心,其实质是自动调整输出频率和振幅,以实现自动控制的信号源。试验条件只有通过控制系统才能实现。

试验夹具是连接试验件和振动台面的传力部件,保证试验件在规定的振动量级下得到考验。

2. 声振试验

飞行器一类装备的声振环境主要在其发射、上升和返回过程中产生。在发射时,火箭发动机点火以及推力脉动、排气噪声和喷气产生的地面反射噪声通过整流罩传入激励航天器;在上升到跨声速阶段(气流扰动)和超声速阶段(气流最大动压处),将产生较大的声环境和结构响应;在返回阶段,噪声环境主要来源于气动噪声,再入中,气流与返回舱相互作用的扰动引起返回舱表面压力脉动,气动压力脉动是产生气动噪声的根本原因,在返回舱表面不同流态区域,压力脉动情况不同,引起的噪声强度和频率分布也各不相同,在激波振荡区,压力脉动最大,噪声声压也最大。

航天装备在高声强的声环境激励下的环境效应(声疲劳寿命、性能失效模式和工艺故障)相当复杂,难以用理论分析的方法预估,一般应通过声环境模拟试验来验证和考核其结构强度和工作可靠性,确认装备对声环境的适应性。

声环境模拟试验一般分为两种:一种是声功能试验。在装备初样阶段和正样鉴定阶段,都需鉴定装备在声环境下的功能是否满足设计要求。声功能试验的声场包括宽带噪声场和以某一基波为主频的周期稳态噪声场两种。要求在试验前后对试验件进行外观检查和功能、性能检测。另一种是声疲劳试验(声耐久试验)。在装备研制初样阶段,进行声疲劳试验,发现设计中的缺陷,以便采取修改措施,提高装备环境适应性。一般情况下,声功能试验装置不宜长时间连续工作,因此,声疲劳试验都采用加速试验,根据累积损伤假设和试验时间的限制,估算试验声压级。

声功能试验通常利用模拟的噪声源(如气流调制器)装置,在专门的声试验室内进行。虽然这种试验方法所提供的环境与实际环境有一定差距,但因其试验简便、试验条件可调和试验费用低而被广泛使用。

按声场的特点,高声强的声环境试验室主要分为混响室和行波管两种。前者模拟混响声场(或扩散场),如湍流边界层噪声和飞行器整流罩的内声场;后者模拟行波声场,如喷气发动机喷口后的局部声场和整流罩的外声场。试验室由噪声源(包括气和气流调制器)、扬声器、试验声空间(试验段)、排气消声装置和测控系统组成,每个组成部分的声特性都将对试验声空间的声场特性产生影响,同时,试验件还与声空间产生耦合作用,综合形成声模拟试验环境。

3. 冲击试验

冲击可以定义为物体之间动能的瞬态传递,能量传递的持续时间小于受冲击物体固有振动的周期。装备在冲击激励下产生的瞬态运动和力响应是一个非平稳的瞬态随机过程,具有一定的有限响应幅度、持续时间、宽频带谱和机械能。冲击的环境效应主要表现在装备结构的完整性破坏和性能偏差两方面。冲击环境和冲击环境效应相当复杂,具有较大的随机性,它比振动环境和振动环境效应更难分析和预估,在很大程度上要依靠冲击环境模拟试验进行设计验证和评估,以确保装备的抗冲击特性符合装备设计和使用要求。

航天器一类装备所经受的冲击环境主要是由航天器上各种火工装置在工作时产生的。在飞行过程中,这些火工装置被用来完成各种任务,如完成各级分离、伸展部件展开过程中的解锁、释放和分离等。此外,航天装备在地面装卸、运输过程中,以及返回部分回到地面时,也会受到碰撞式的冲击。

冲击试验的目的是验证航天装备承受冲击环境并能正常工作的能力,检验航天装备工艺制造质量,暴露材料和工艺制造缺陷。通常,冲击试验条件设置为:所有火工品爆炸装置和其他可能产生重要冲击的装置,包括未安装在航天装备上的装置,都应至少被触发或模拟一次;其中某些重要冲击事件应另外再触发两次,以考察在试验中的变化,并提供预示部件的最高预示冲击环境所需的数据。

冲击试验中,航天装备的支承和结构状态尽量接近实际使用的真实状态,使冲击载荷在振幅、频率分量和传递路径方面与飞行时的动态响应相似。试验设备应避免试验夹具带来的不利影响,并防止分离后分离部分再次碰撞。航天装备应实际承受引起最高预示冲击环境的外场冲击瞬态。冲击事件应考虑既包括由火工装置或其他装置引发的分离和展开,也包括能导致部件产生剧烈动态响应的碰撞和突然施加或释放的载荷(如发动机瞬态、降落伞开伞和着陆)。航天装备上所有能对其产生重要冲击的设备都应被激发。安装动力学测量装置测量所选部件处的三个正交方向的冲击响应。

7.1.3　热真空试验

热真空试验的目的是验证航天装备在真空和一定温度条件下经受热循环应力环境的能力,以及在所有的工作模式下其性能是否满足设计要求。

热真空试验的试验条件包括以下几方面。

(1) 环境压力:一般不大于 $6.65 \times 10^{-3} Pa$。

(2) 试验温度:鉴定级试验温度范围为 $-34 \sim 71 ℃$,验收级试验温度范围为 $-24 \sim 61 ℃$。

(3) 循环次数:鉴定级试验的循环次数要求至少 8 次,验收级试验的循环次数要求至少 4 次。

(4) 持续时间:在高温端和低温端温度稳定后保持时间至少 8h。

热真空试验时飞行器置于真空容器内的试验支架上,所有的试验用电缆通过真空密封法兰引出容器外。在抽真空前完成飞行器功能和试验设备的检查,证明整个试验系统已处于正常的试验等待状态。热真空试验从正常环境温度开始,随后温度变化到试验温度高温值并保持稳定,高温浸泡后将温度降低到试验温度低温值并保持稳定,低温浸泡后将温度升到正常环境温度,形成一次热循环。如果热真空试验前有热平衡试验,则将有温度测点的部件在热平衡试验各个工况中的最高温度值和最低温度值外扩至少 15 ℃ 作为试验温度,并根据热平衡试验最后一个试验工况的温度,决定试验温度需向高温还是低温变化。

飞行器应划分为几个温度区域,区域的划分应以区域内温度敏感部件和类似组件的工作温度为依据,并选择试验温度监视点。整个试验过程中飞行器的工作状态应按照试验循环次数合理设置,并至少应在一次完整的热循环中受到考验。在第一次和最后一次热循环的高温端和低温端进行功能试验,在其他循环只做功能运行并测量或监视敏感参数。根据具体型号的要求来规定污染允许量。在试验结束的关机复压过程中,应使飞行器外表面的温度始终高于热沉温度,防止污染物沉积在飞行器外表面。

各区域的温度应由外热流和飞行器内部热耗来控制,在高温或低温的半个循环过程中,每个区域内多数部件应达到规定的试验温度,在试验过程中的任何情况下,部件温度都不允许超出鉴定级温度范围。试验过程中飞行器通电工作,连续监测若干敏感参数和飞行器主要参数,监视是否存在间歇性故障。

7.1.4 热平衡试验

热平衡试验的目的是验证飞行器热分析模型和热设计的正确性,以及飞行器保持在规定的工作温度范围内的能力。

热平衡试验的试验条件包括以下几方面。

(1)环境压力:一般不大于 6.65×10^{-3} Pa。

(2)试验工作室要求:温度 15 ~ 25℃,相对湿度 25% ~ 60%,洁净度优于100000 级。

热平衡试验可以与热真空试验结合进行。试验应在极端高温和极端低温工况下进行,试验工况可包括所有飞行季节、飞行姿态、太阳入射角和星蚀条件、分系统工作模式、部件的最大和最小发热量等。热平衡试验在真空容器中进行,整个试验期间,飞行器应根据试验工况的要求在规定的工作模式下通电工作。在飞行器内部和外部部件上应布设足够数量的温度测点以验证它的热分析和热设计。试验过程中应验证所有自动控制和遥控的加热器和冷却器的功率要求,并证明它们具备设计要求的温度控制能力。

飞行器的冷背景环境采用具有接近液氮温度、有足够面积和一定形状的涂黑壁套来实现。外热流可采用下列方法来模拟。

(1)吸收外热流方法。红外加热器通电时产生的红外辐射模拟被飞行器吸收的太阳辐射、地球辐射和反照的外热流。

(2)入射外热流方法。太阳模拟器产生的与太阳光谱相匹配的具有相应辐照度与入射角的辐射热流模拟入射到飞行器表面的太阳热流。

(3)结合外热流方法。以上方法的组合模拟飞行器的外热流环境。

根据飞行器上部件的工作模式和外热流模拟状态合理组合稳态试验工况和瞬态试验工况,一般应考虑飞行器在太空轨道上遇到的极端高温和极端低温条件。试验工况稳定主要以监视点温度随时间变化情况决定。根据飞行器具体情况,试验工况稳定判据一般为:稳态试验工况时,在连续 4h 内温度值变化范围不超过±0.5℃,或在连续 4h 内温度值单调变化率小于 0.1℃/h;瞬态试验工况时,在连续4 个试验周期的对应时刻,温度值变化范围不超过±1℃。

7.1.5 原子氧试验

原子氧是近地轨道的太空环境中对航天器外露材料危害性最大的环境因素。它对航天器材料的高温氧化、高速撞击作用,会导致材料放气加快、质失率增加、机械强度下降、光学和电性能改变等。大多数金属材料及其氧化物在原子氧作用下是稳定的或相对稳定的,因为这些金属被氧化生成致密的氧化层,自然形成一层保护膜。银容易受到原子氧氧化,氧化后生成疏松的氧化层易脱落,导致其折射率增加,电导率下降。

受原子氧影响最大的是有机材料。其危害有:使航天器表面电导率下降,等电位变差,容易产生静电放电;腐蚀材料变成新的污染源;润滑材料性能变差,使摩擦系数变大;温控材料性能变差,如二次表面镜表面变粗糙,使太阳吸收率增加,发射率下降;航天器结构上的复合材料易受原子氧氧化,使结构变形,其强度和刚度随受损增加而逐渐下降。原子氧效应严重影响近地轨道航天器的性能和寿命。因此,目前航天器的抗环境侵蚀试验主要是针对表面材料进行抗原子氧腐蚀能力的试验。

目前主要采用在轨飞行试验、地面模拟试验、理论模拟3种方式开展原子氧与航天材料相互作用的研究工作。在轨飞行试验花费较大,且受发射计划的限制,相比之下,地面模拟试验是一种方便、可行的方法。

地面模拟试验需要建立配套的模拟试验装置。我国某研究所研制的同轴源原子氧模拟装置主要由微波等离子体同轴源、电磁线圈系统、中性化系统、真空及测量系统、紫外辐照系统、样品架及光学原位测量系统、电控系统及计算机控制系统组成。其工作的基本原理是:由微波功率源产生频率为 2.45MHz、功率为 $150 \sim 1500W$ 可调的微波能量,经过一套传输系统,通过天线耦合到放电室内,在磁场的作用下,放电室内可形成 $10^{12} \sim 10^{13}/cm^3$ 高密度的等离子体,中性化板对等离子体加负偏压,与磁约束的等离子体柱接触,加速等离子态中的氧离子,使其获得定向能量。氧离子入射到中性化板上并从中得到电子,复合成中性氧原子。反射的氧原子保留大部分的入射能量,形成一定大小定向能量的中性原子氧束。通过调节中性化板所加偏压及改变氧离子入射角度,可以调节中性原子氧的能量和反射后的角分布。装置产生原子氧的能量约为 $5 \sim 8eV$,通量密度可达$3 \times 10^{16}AO/(cm^2 \cdot s)$,可做加速试验。

7.1.6 磁试验

航天器在轨道上飞行时会受到各种干扰力矩的作用,磁干扰力矩就是其中之一。它影响航天器的姿轨控制精度,沿航天器自旋轴的力矩分量在自旋周期内产生平均值不等于零的力矩而引起自旋轴消旋。

磁干扰力矩影响航天器的飞行姿态,在设计航天器的姿态控制系统时,要考虑磁干扰力矩的影响,但它也可以被有效地利用。可以在航天器上安装产生磁矩的永磁铁,永磁铁的磁矩与地磁场相互作用产生磁力矩,使航天器在轨道上沿地磁场方向稳定,或用来克服其他扰动力矩。航天器的磁控与其他控制方法组合使用,可以提高姿态控制精度。无论是对需要采取防范措施的磁干扰力矩,还是对航天器磁性的有效利用,航天器都需要进行磁试验,以便对其磁性进行检验和评估,进而达到对其磁性控制的目的。磁试验的目的是验证航天器的剩磁矩和工作磁矩是否符合设计要求。

磁试验通常在零磁场中进行,包括初始磁试验和充/退磁试验。试验时,首先进行航天器剩磁矩测量,如果剩磁矩超过规定指标,则应进行磁补偿,其次测量航天器杂散磁矩,评价磁补偿的效果。如需要,则还应进行退磁试验,以消除由外磁场磁化而引起的磁矩。试验时外场磁环境对试验磁场的干扰要求应符合有关技术文件的规定。

初始磁试验应对航天器不工作状态下剩磁矩和工作状态下杂散磁矩进行测量。要求磁场均匀性优于±10nT、稳定性优于±1.5nT/h,并且磁场均匀区范围应大于航天器的最大外廓尺寸。

退磁试验前应先进行充磁试验,充/退磁试验前后都应进行磁矩测量。充磁试验在直流磁场中进行,退磁试验在交变磁场中进行。试验前根据测量的航天器磁特性参数设置充/退磁场强度、充/退磁频率和充/退磁时间。要求磁场均匀性优于充/退磁磁场强度的30%,并且磁场均匀区范围应大于航天器的最大外廓尺寸。

磁试验的主要步骤如下所述。

(1) 采取近场分析法进行航天器磁矩测试,包括航天器不工作状态下剩磁矩和工作状态下杂散磁矩。

(2) 对磁测试数据进行分析。分析航天器磁矩是否满足减少磁干扰力矩的要求,以及是否满足不影响在轨工作的要求。

(3) 视需要进行磁补偿。在超标情况下,采用高矫顽力和高磁能积的钐铁硼永磁材料,分别对航天器 X、Y、Z 3 个正交方向上的磁矩值进行抵消,使航天器的在轨磁矩达到指标要求。

7.1.7 电磁环境试验

航天装备的运行离不开各种电磁环境。在航天装备的研制过程中,需要开展一系列试验活动,以验证和考核航天装备的电磁环境适应性,确保其不受电磁环境效应的干扰影响。电磁环境试验的目的一般包括以下几方面。

(1) 适应航天装备预期可能遇到的电磁环境,包括总装、测试和试验、储存、运输、发射和在轨运行等电磁环境。

（2）验证航天装备自身产生的电磁能量发射能否控制在规定的范围内,包括对其他系统、发射场、运载工具和地面设备等的影响。

（3）验证航天装备电磁兼容设计和各种抗干扰措施的有效性,发现并排除可能存在的隐患和缺陷,使其可靠性获得增长。

（4）验证航天装备在工作寿命期间遇到友方或敌方发射机工作的辐射干扰影响时,不会造成自身性能下降或严重损失。

运载器、航天器等航天装备的电磁环境试验通常开展以下项目。

（1）系统自兼容性能测试。主要考核航天装备内各分系统和设备在地面自然电磁环境下相互干扰的情况。主要测试方法是将被试装备处于各种实际工作状态,并将允许调节的工作参数(如发射机功率、接收机灵敏度和工作频率等)分别调到最恶劣的状态,监测系统参数是否均在正常工作范围内。

（2）电磁场辐射发射测试。主要验证航天装备外壳以及本体暴露在外的互连电缆通过空间耦合对外电磁场的辐射发射是否超过规定要求。由于航天装备辐射发射测试是在装有天线状态下进行的,因此,对辐射发射测试数据的分析应分别考虑射频信号的发射和电磁场辐射信号的发射。进行电磁场辐射发射测试,需要判读航天装备电磁场辐射发射和射频信号的发射是否在规定范围内。

（3）电磁场辐射敏感度试验。主要验证航天装备壳体和暴露在外的互连电缆在承受电磁场辐射时,装备不会出现故障和性能降低的能力。进行电磁场辐射敏感度试验,观察监测参数是否正常,对不正常的监测参数要确定其对应的敏感频率范围。按安全系数要求增大辐射强度,重复进行本试验,若监测参数正常,则判定该系统敏感度安全系数测试合格。

（4）天线间隔离度测试。主要验证航天装备内发射和接收等天线间隔离度是否满足规定的要求。天线间隔离度测试时,将通过式功率计连接在发射机(或信号源)和发射天线之间,并尽量靠近发射天线,以测量发射机的输出功率;在接收天线的输出端断开接收天线和接收机之间的连接电缆,将接收天线通过衰减器连接到测量接收机。在工作频段内,至少选取高、中、低及常用频率作为试验频率。按选取的频率,发射机以额定输出功率发射,调谐测量接收机,寻找接收信号的最大值,记下此时通过式功率计指示的功率值和测量接收机的读数值。对选取的不同频率和不同天线对重复上述测量。最后计算分析测量结果数据,判断天线间隔离度是否合格。

（5）静电敏感度试验。主要验证电子设备静电放电环境对航天装备性能的影响程度。根据被试航天装备产生的敏感现象,分析测试结果,进一步评定敏感现象产生原因,评估其对航天装备性能的影响。

除以上项目外,还应开展低电阻与绝缘性能测试、地电位噪声测试、搭接和接地电阻测试、电源线瞬变试验、接收机输入端耦合信号试验、二次电子倍增(微放电)试验等专项试验活动。

7.2 功能性能试验

功能性能试验的主要目的是考核航天装备应具备的机械、电气等固有功能和性能的有效性,并验证其是否满足规定的指标要求。不同类型的航天装备具有不同的功能性能,根据不同装备的特点,功能性能试验方法各不相同。在此介绍一些典型试验活动。

7.2.1 电性能试验

电性能试验是检验航天装备系统及各分系统电性能的正确性和兼容性,以及它与地面支持设备的兼容性、协调性等的各项试验活动。

航天器电性能试验是航天器研制阶段实施系统各测试级别和测试内容的集中体现,一般可分为桌面联试、初样电性能测试、发射场合练测试、正样状态总装测试、环境试验中的电测试和发射场测试等活动。

(1)桌面联试。桌面联试是在工作台上,按规定的状态将航天器上设备连成系统后进行的电性能测试。其目的是:验证各分系统设备的功能和性能指标是否符合设计要求;验证各分系统间电气接口的正确性和匹配性;验证航天器上各种信息传输、频率匹配等的正确性、合理性和兼容性;验证航天器与地面测试系统接口(硬件和软件)设计的正确性和合理性;验证地面测试系统设计的正确性和合理性;验证测试技术流程和测试方法的正确性和合理性等。

(2)初样电性能测试。初样电性能测试是航天器初样电性样机总装后和电磁环境等试验过程中进行的电性能测试。其目的是:进一步验证桌面联试的测试内容;验证航天器系统与其他系统(如地面应用系统、地面测控系统等)接口设计的正确性和合理性;验证仪器布局、电缆敷设与走向以及接地等的合理性;验证航天器各分系统对电磁环境的电磁兼容性;验证航天器飞行程序设计的正确性和合理性;验证多航天器之间的匹配性和工作的协同性等。

(3)发射场合练测试。发射场合练测试是航天器初样、运载器和发射场地面设施在发射场联合试验过程中进行的电性能测试。其目的是:验证发射场实施过程中航天器测试及发射保证条件的完善性与合理性;验证航天器在技术区工作程序和电性能测试程序的合理性;验证航天器在发射区测试、发射程序的协调性和合理性;验证航天器、运载器、发射场系统间电性能接口的匹配性及电磁兼容性等。

(4)正样状态总装测试。正样状态总装测试是航天器正样机在总装后进行的电性能测试。其目的是:进一步验证各分系统设备的功能和性能指标是否符合设计要求;进一步验证各分系统间电气接口的正确性和匹配性;进一步验证航天器系统与其他系统(如地面应用系统、地面测控系统等)接口设计的正确性和合理性;进一步验证仪器布局、电缆敷设与走向以及接地等的合理性;进一步验证航天器各分系统对电磁环境的电磁兼容性;进一步验证航天器飞行程序设计的正确性和合理性;进一步验证多航天器之间的匹配性和工作的协同性;验证可测试的故障预案的正确性等。

(5)环境试验中的电测试。环境试验中的电测试是航天器在力学环境、热环境、电磁环境等试验过程中进行的电性能测试。其目的是:验证航天器对力学环境、热环境、电磁环境及特殊环境的适应能力,检测试验过程中电性能的变化情况;验证多航天器在环境应力条件下联合工作的适应能力。

(6)发射场测试。发射场测试是航天器在发射场技术区和发射区进行的电性能测试。其目的是:检查运输或总装后的航天器主要功能和性能;监控航天器加注过程中的主要功能和性能;确认航天器功能、性能及状态是否符合设计要求和转场要求;验证航天器转场并与运载器对接后的工作状态是否符合发射要求;监控航天器调温过程;验证航天器与运载器、发射场地面设施发射前工作程序的正确性和匹配性,监测航天器发射前状态;监控航天器故障,并在出现故障时按故障预案和航天器最低发射条件及起飞状态设置要求进行分析和处理,等等。

电性能试验时,航天器应尽可能按照飞行剖面中实际的飞行事件顺序工作,飞行事件应包括发射倒计时、发射、上升、分离、入轨、上面级工作、轨道运行和返回等阶段。所有火工装置点火线路都应通电,并在上述飞行事件中进行监测,验证每条点火线路是否按照正确的程序输出了额定的电流值,如有必要,则可通过遥测通道对需要的参数进行测量,以验证其工作是否正常。

航天器电性能试验的测试方法应以无线测试为主,有线测试为辅,构成遥测、遥控闭环回路,从而最大限度地减少地面干扰。航天器地面试验状态应尽可能与飞行的实际状态一致。有线测试主要包括:地面模拟电源的供电和控制,少量相应测量信号、重要状态和激励输入信号的控制,初始状态的设置和程序的注入等。电性能试验的测试流程一般包括:先分系统测试,再系统级测试,最后多航天器联合测试;先接口检查,后性能测试;先有线测试,后无线测试。其一般程序是:供配电分系统(电源分系统)测试;测控上、下行信道测试;平台的数管、姿态与轨道控制、推进、热控、回收着陆等分系统测试;有效载荷测试;多航天器的匹配测试等。

7.2.2 压力及检漏试验

压力及检漏试验的目的是验证充压分系统满足规定的流量、压力和泄漏率要求的能力。

航天器压力及检漏试验时,将航天器放在一个装置内,该装置应能起到保护人员和设备安全的作用。应按需要进行预备性试验,以验证航天器与试验设备的兼容性,并确认设备控制和试验功能运行正常。在操作阀门、泵和电机时,应对充压分系统要求的流量、泄漏和调节进行测量,通过流量检测证明泵、电机和管路的工作状态是否正常。

检漏试验时,充压分系统应用氦气充到最大预期工作压力,通过氦质谱检漏仪检查泄漏率,当不满足系统总漏率指标时,需要通过巡检方式查出泄漏部位并计算泄漏率。

带有充压分系统的航天器试验时,检验试验压力至少应加到1.25倍最大预期工作压力,并保持5min,然后降至最大预期工作压力。该过程应重复进行3次,然后将试验压力降至最大预期工作压力再进行检漏试验。

7.2.3 机械功能试验

机械功能试验的主要目的是验证航天装备各种机械装置的工作性能是否满足规定的要求。航天装备的机械装置、阀门、展开机构和分离机构的机械功能试验状态应与其在发射、轨道运行和回收时一致。机械接口应用标准量规或专用件进行匹配检查。试验应验证装备在最恶劣条件(包括环境条件、工作时间)工作下的强度、力矩及有关动作和间隙方面能达到规定要求。

在此介绍星箭对接试验。星箭对接试验的目的是:检验星箭机械接口的正确性、匹配性,以及星箭电气接口的匹配性;检验航天器、航天器适配器及星箭锁紧装置对星箭分离冲击环境的适应性。

星箭对接试验的场地一般选择航天器总装测试厂房,其应具备以下条件:温湿度、洁净度应满足参试产品及地面设备的要求;试验场地面积应满足星箭对接试验使用要求,配备试验用的桌椅或工作台及符合该次对接试验所需供电容量、电压等级、接线方式、插座规格等要求的电源、接线板;具备吊装航天器和航天器适配器的能力;应按消防条例规定配置防火、防爆设施,满足安全性要求;接地要求应符合规定。

7.2.4 动力系统试车

对于新研制的运载器动力系统而言,试车是一种特殊的地面模拟飞行试验,参与的系统较多,但每个系统均是局部参与。试车不仅可以验证动力系统设计方案,暴露和解决其设计缺陷,还为仿真计算和理论研究提供大量数据,促进动力系统设计、生产工艺水平的提高。动力系统试车的目的在于获取发动机的工作特性,考核其工作的协调性和可靠性,确定其是否达到运载器要求的设计性能目标。

动力系统试车也称为发动机试车,一般分为三个层次:①动力系统单独试车。试验由研制单位进行,所有推进剂的加注、增压控制、点火与关机控制等均由动力系统研制单位独立完成。②动力系统与控制系统的匹配试车。由于航天发射中发动机的点火、关机、摆动等均由控制系统完成,因此,需要开展动力系统与控制系统的匹配试验。推进剂的加注、增压等由动力系统负责,而点火、关机及发动机摇摆控制等由控制系统负责。③全动力系统试车。试验在专门的试验站进行,除了动力系统、控制系统外,增压输送系统、地面测发控系统、测量系统均参与试验。其中推进剂的加注由试验站完成,采用与飞行状态相同的增压系统参与工作,由地面测发控系统负责点火前的动力测量与控制,当控制系统点火后,由其接管动力系统进行控制。测量系统负责各种箭上信息的测量与传递。

典型动力系统试车的系统组成包括以下几方面。

(1)推进剂供应系统。试验中为发动机工作提供推进剂,并起到调节推进剂供应流量的作用,主要由燃料贮箱、阀门、供应管路、流量传感器、过滤器和管路附件等组成。

(2)配气系统。为试车提供各种气体,主要包括:推进剂贮箱增压用气,驱动气动阀启闭的操纵用气,辅助系统贮箱增压和进行其他各种辅助工作(如推进剂库、阀门试验间、推进剂管路的测压管路气密试验、吹除、机舱灭火等)的工艺用气等。

(3)测量控制系统。试车时实现发动机控制和相关参数测量的功能,分为前端和后端地面设备。前端设备包括:各种地面电源(中频电源和直流电源)、与发射控制相关的 PLC 控制组合和发控转接组合,以及与测试相关的箭地通信计算机。后端设备只需一台测试计算机,实现虚拟显示、虚拟发控和流程控制三种功能。通过安装大量的传感器,测量获取试车中大量发动机工作参数,如推力、压力、流量、温度、振动、频率等。

(4)监视系统。为试车提供试验实况、场区安全等视频监视手段。

(5)通信系统。为试车提供试验数据、指挥调度等多种通信联络手段,如电话、光纤、音响等。

(6)辅助支撑系统。为试车提供吊装、空调、消防、供水等辅助手段和建筑设施。

动力系统试车的过程一般包括以下几步。

(1)建立试验队伍,明确职责分工,编写技术文件,如实施方案、操作规程等。

(2)安装、调校和检查试车所需的试验系统,以及各种仪器、设备设施。

(3)验收和安装试车的发动机,将发动机安装定位并与各工艺管、测量管、控制和测量导线连接等。

(4)开展试车前测试检查,推进剂加注,确认各参试系统工作状态满足试车点火的要求。

(5)按程序点火启动,对使用低温推进剂的发动机,经程序预冷后发出启动指令,发动机按预定程序工作。

(6) 关机。工作程序结束,发动机关机。但在意外情况下,应采取紧急关机措施。关机后,对发动机推进剂供应系统进行吹除。

(7) 试车报告。对试车中记录的测量结果进行数据处理,并将处理结果换算成标准状态下的值进行分析、比较,编写试车报告,对试验结果和质量提出意见。

7.3 通用质量特性试验

装备的通用质量特性主要是指可靠性、维修性、测试性、保障性、安全性、环境适应性和电磁兼容性。这些通用质量特性与装备主要性能同等重要,是装备综合能力的重要组成部分。它是在装备设计、研制、生产过程中被赋予的固有特性,对装备的使用能力、生存能力、部署机动性、维修保障和寿命周期费用等具有重大影响。环境适应性和电磁兼容性的试验在本章前几节已介绍,不再赘述。在此介绍可靠性、维修性、测试性、保障性、安全性方面的试验内容。

7.3.1 可靠性试验

按照国家相关标准的定义,可靠性是装备在规定的条件下和规定的时间内,完成规定功能的能力。它描述了装备无故障工作的固有特性。可靠性试验是为了评估或改进装备可靠性而进行的试验,它是对装备可靠性进行考察、分析和评价的一种手段。航天装备可靠性试验的目的包括:①发现航天装备在设计、工艺、元器件和材料方面存在的各种缺陷。②验证并确认航天装备是否符合规定的可靠性指标要求。

航天装备的可靠性试验可分为以下几种。

(1) 环境应力筛选试验。这是通过向装备施加规定的环境应力(如振动与冲击、温度循环及电应力等),为剔除不良元器件、暴露工艺缺陷和发现并排除早期故障而进行的一系列试验。环境应力筛选试验是可靠性统计(鉴定与验收)试验的预处理工艺,任何被提交用于统计试验的样本必须经过环境应力筛选。只有通过筛选,消除了早期故障的样本,统计试验结果才代表其真实的可靠性水平,但筛选不能改变故障机理而延长任何单个元器件的寿命。环境应力筛选试验的主要目的是剔除制造过程中使用的不良元器件和引入的工艺缺陷,以便提高装备的使用可靠性。应尽量在每一组装层次上都进行该试验,如电子产品,应在元器件、组件和设备等各组装层次上进行环境应力筛选试验,以剔除低层次产品组装成高层次产品过程中引入的缺陷和接口方面的缺陷。

(2) 可靠性增长试验。这是有计划地暴露装备的薄弱环节,并证明改进措施能防止其再现而进行的一系列试验。只有通过对故障的分析和采取改进措施才能提高装备的可靠性。可靠性增长试验是一个有计划的试验、分析和改进的过程。

112

在这一试验过程中,装备处于真实的或模拟逼真的环境下,暴露设计中的缺陷,并对出现的问题采取纠正措施,从而达到预期的可靠性增长目标。可靠性增长试验必须在受控的条件下进行。为了达到既定的可靠性增长目标,并对最终可靠性水平做出合理的评估,要求试验前评估装备的初始可靠性水平,确定合理的增长率,选用适当的增长模型并进行过程跟踪,严格控制试验中所使用的环境条件,对试验前准备工作情况及试验结果进行评审,必要时还应进行试验过程评审。

(3) 可靠性统计试验。这是运用数理统计的抽样试验方法测定装备所达到的可靠性水平或使用寿命,或者检验装备是否达到了规定的可靠性定量要求而进行的试验。其具体包括可靠性鉴定试验、可靠性验收试验、寿命试验。其中,可靠性鉴定试验和验收试验称为可靠性验证试验。①可靠性鉴定试验是为确定装备与设计要求的一致性,由订购方利用具有代表性的装备在规定的条件下所做的试验,试验结果作为批准定型的依据,也是评估其可靠性的依据。其目的是向用户提供合格证明。该试验必须对要求验证的可靠性参数值进行估计,并做出合格与否的判定;必须事先规定统计试验方案的合格判据,其统计试验方案应根据试验费用和进度权衡确定。②可靠性验收试验是用已交付或可交付的装备在确定条件下所做的试验,其目的是确定装备是否符合规定的可靠性要求。针对批生产的装备,每一批都要进行可靠性验收试验。该试验通常采取抽样进行,必须反映实际使用情况,并提供要求验证的可靠性参数的估计值;必须事先规定统计试验方案的合格判据,其统计试验方案应根据费用和效益权衡确定。③寿命试验是为测定装备在规定的使用和维修条件下的使用、贮存寿命而进行的一种可靠性试验,属于统计试验。该试验的目的是考核装备的耐久性,也就是通过试验活动来考验装备在规定的使用、储存与维修条件下,达到极限状态之前,完成规定功能的能力。对于高可靠性的装备,为缩短试验时间,可采用加速寿命试验方法,即在不改变故障模式和机理的条件下,用加大应力的方法进行的试验;然后依据一定的物理模型和统计方法,推算到正常的使用条件下,评定装备的可靠性水平(寿命)。

7.3.2 维修性试验

按照国家相关标准的定义,维修性是装备在规定的条件下和规定的时间内,按规定的程序和方法进行维修时,保持或恢复到规定状态的能力。维修性反映了装备是否好修的能力。例如,维修性最基本的要求是装备故障率高的部位必须具有良好的可达性和必要的修理操作空间。维修性是设计出来的,需要在装备结构设计阶段充分考虑维修活动需求。航天装备的维修性试验是为考核航天装备满足规定的维修性定量与定性要求的程度,而组织实施的一系列试验活动,其目的和作用主要包括:①发现和鉴别航天装备有关维修性的设计缺陷,以便采取纠正措施,提高航天装备维修性。②考核航天装备的维修性,确定其是否达到规定要求。

113

航天装备维修性试验应当充分考虑其维修性要求,主要包括订购单位提出的有关维修方案、使用与维修环境、人员技术水平、维修检测方案和维修级别等方面的约束与要求。

根据航天装备试验管理机制要求,维修性试验可分为维修性验证试验和维修性鉴定试验。

(1) 维修性验证试验。这是装备承制单位在订购单位的监督下,为实现装备设计和研制的维修性要求,而开展的试验验证活动。该试验自签订航天装备研制合同之日起,贯穿从零部件、元器件到组件、分系统、系统的整个研制过程。其目的是检查与修正进行维修性分析与验证所用的模型及数据,识别航天装备维修性设计缺陷,以便采取纠正措施,实现维修性不断增长,保证满足规定的维修性要求。可采用较少的和置信度较低的维修性试验,最大限度地利用研制过程中各种试验(如功能、样机模型、鉴定和可靠性等试验)进行的维修作业所得到的数据。对这些数据进行分析,找出维修性的问题并采取改进措施,提高航天装备维修性水平。

(2) 维修性鉴定试验。这是航天装备订购单位在承制单位配合下,为确定航天装备在实际使用、维修及保障条件下的维修性而进行的试验与评定工作。该试验通常在装备状态鉴定和列装定型阶段进行。其目的是全面考核航天装备是否达到规定的维修性要求,确定航天装备部署以后的实际使用维修保障条件下的维修性水平,考察维修性验证中所暴露缺陷的纠正情况。维修性鉴定试验的环境条件,应尽量与航天装备实际使用时的维修环境一致或接近,维修所需的工具、保障设备、设施、备件、技术文件,应与正式使用时的保障计划一致,以保证验证结果可信。维修性鉴定试验应由航天装备订购单位指定的试验机构(专门的装备试验基地或试验场)组织实施。

维修性试验的内容主要包括:维修性定量指标(如维修延续时间参数、维修工时参数、维修周期参数等),维修的可达性,检测诊断的方便性与快速性,零部件的标准化与互换性,防差错措施与识别标记,工具操作空间和工作场地的维修安全性,人因工程要求等。由于航天装备的维修性与维修保障资源是相互联系、互为约束的,因此,在维修性评定的同时,需评定维修保障资源是否满足维修工作的需要,并分析维修作业程序的正确性;审查维修所需人员的数量、素质、工具与检测设备、备附件和技术文件等的完备程度和适用性。

7.3.3 测试性试验

按照国家相关标准的定义,测试性是装备能及时并准确有效地确定其内部状态(可工作、不工作或性能下降),并隔离其内部故障的能力。测试性同可靠性一样,也是装备本身所固有的一种设计特性。装备一旦设计生产,其本身就具备了一定的测试性。航天装备测试性试验是在研制的航天装备中注入一定数量的故障,利用测试性设计规定的测试方法进行故障检测与隔离,估计和评价其测试性水平的试验活动。其目的是评价与鉴定航天装备测试性设计是否达到规定要求,并发现问题,以便提高装备测试性水平。测试性试验的同时还要考察与测试有关的保障资源的充分性。

测试性试验可分为测试性验证试验和测试性鉴定试验。

(1)测试性验证试验。这是装备承制单位在订购单位的监督下,为实现装备的测试性设计要求,而开展的验证性试验活动。该试验贯穿整个研制过程。其目的是验证装备是否满足规定的测试性要求,评价测试性设计及相关措施的有效性。

(2)测试性鉴定试验。这是装备订购单位在承制单位的配合下,对装备测试性的能力进行全面的试验考核活动。其目的是确认装备是否满足规定的测试性要求。测试性鉴定试验主要集中在装备状态鉴定和列装定型阶段组织实施。

测试性试验与维修性试验都以故障引入为前提,测试与维修作业样本量的确定与分配、故障模式的随机抽取、故障引入方法也完全一致,因此最好将这两项试验结合进行。测试性试验计划也要与维修性试验计划相协调。

测试性试验要检验的内容包括:机内测试(BIT)的故障检测与隔离能力;装备与外部测试设备的兼容性;外部测试设备的故障检测与隔离能力;故障字典、诊断手册和查找故障程序等技术文件的适用性与充分性;BIT测试结果与外部测试设备测试结果的一致性;故障检测率、故障隔离率、虚警率、故障检测时间、故障隔离时间是否符合要求;其他定性要求的符合性等。其重点和难点是检验测试性定量要求可能达到的程度。

测试性试验进行的方式通常是:在试验室内向被试航天装备注入模拟故障,通电运行BIT或用测试设备对装备进行测试,记录模拟故障(包括自然发生的故障)是否检出并隔离、检测与隔离时间和发生虚警次数等试验数据,按选定判据确定装备是否达到最低的测试性指标要求。试验过程中同时检查有关定性要求的符合性。

7.3.4 保障性试验

保障性是航天装备的一种重要质量特性,对航天装备能否充分发挥使用效能有着重要影响。保障性试验是航天装备保障性分析的主要工作内容,也是实现航天装备保障性目标的重要且有效的决策手段,它贯穿航天装备研制和生产的全过程并延伸到部署后的使用阶段,可为权衡分析保障方案、降低研制风险、细化保障要求提供技术支持。

国家相关标准将保障性定义为:装备的设计特性和计划的保障资源满足平时战备完好性和战时使用要求的能力。装备的保障性强调,装备要具有容易保障并且能够得到保障的特性。保障性试验定义为：为确定系统对预定用途是否有效、适用，通过对系统、分系统进行试验，分析试验结果或将试验结果与设计要求及技术规范进行比较，以评价装备保障性方面所取得进展的过程。

航天装备保障性试验的目的是发现航天装备的设计缺陷，确定和评价设计风险，提出改进措施和建议，以评估航天装备的保障性水平，并为航天装备鉴定定型提供依据。根据保障性试验目的不同侧重，可将航天装备的保障性试验分为保障性验证试验和保障性鉴定试验。

（1）保障性验证试验。是装备承制单位在整个装备研制过程中，为实现工程研制目标，验证装备是否达到保障性要求而实施的相关试验。保障性验证试验应在受控的环境下进行，由经过培训且符合要求的使用与维修保障人员，针对航天装备的各类规范进行试验，精确地度量保障性的各种参数指标。保障性验证试验应针对用户提出的保障性要求进行，包括主装备与保障特性有关的设计属性、保障资源的技术有效性和适用性。

（2）保障性鉴定试验。它是对航天装备在逼真的使用环境和各应用要素齐全的背景下进行的试验，从保障的角度验证装备的使用效能和使用适应性能否满足用户要求。保障性鉴定试验主要集中在状态鉴定和列装定型阶段开展，由装备订购单位指定或认可的试验机构组织实施。

航天装备保障性试验主要针对以下内容开展一系列相关试验活动。

（1）规划保障。验证所规划的各项保障工作是否合理、有效、易于操作。

（2）供应保障。其包括确定备件、修理用零配件和供给的采购、分类、接收、存储、运输、配给、报废要求所必需的管理活动、程序和方法。这意味着能够以合适的数量，在合适的地点、时间，通过合适的价格获得合适的备件、修理用零配件和所有级别的供给。

（3）保障设备。保障设备是指使用和维修装备所需的设备。其主要包括测试设备、维修设备、计量与校准设备、搬运设备、拆装设备、训练设备、工具等。对于重要的复杂装备，所有保障设备都应在定型前完成样机研制，并在试验中考核其适用性。

（4）技术资料。技术资料是指使用与维修装备所需的各种说明书、手册、操作规程、清单、图册等。在设计定型时，应对承制单位提供的技术资料进行评估，主要关注以下几个方面：①技术资料的数量、种类和格式是否符合要求；②技术资料的正确、清晰、准确、完整和易理解性；③技术资料中的警告、提醒及安全注意事项应当合理、醒目；④各技术资料中的术语应具有一致性。

（5）人员专业、数量与技术等级。其主要是指使用与维修装备所需人员的数量、编制、专业及技术等级。参加试验的人员应当按初始训练大纲实施训练，并对其工种设置、培训的有效性等进行考核。

(6) 训练和训练保障。政策、流程、程序、方法；训练辅助设备、装置、模拟器和仿真；计划；为训练基地提供必需品，包括用于训练人员、操作、维修和保障的装备。

(7) 包装、装卸、储存和运输保障。综合权衡资源、流程、程序、设计、考虑因素和方法，确保所有装备和保障品能被适当地保存、包装、处理与运输，包括环境考虑、短期和长期存储的装备保存以及可运输性。

(8) 保障设施。保障设施是指使用与维修装备所需的永久性或半永久性的建筑及配套设备。

(9) 计算机资源。确定、规划、资助并获得任务关键计算机硬件和软件系统规划和管理所需的设施、硬件、软件、文件、人力和人员。

装备保障性试验方法通常包括统计试验方法和演示试验方法。

保障性统计试验一般针对保障性定量要求和涉及数据统计的保障性评价问题进行。其通常选用或指定一定数量的样本，按照规定的试验方案在规定的试验剖面中进行试验，记录规定的数据，供评价使用。保障性试验剖面一般应纳入航天装备全部试验剖面中，所确定的保障性试验剖面应能覆盖所有预期要发生的保障事件。

为考核航天装备的保障资源，需开展保障性演示试验。保障性演示试验是指在航天装备样机上进行的为验证重要保障资源而实施的非破坏性的使用与维修保障工作的试验，其目的是验证保障资源要求达到的程度和保障资源的有效性。

保障性演示试验一般针对定性保障要求、不能或不需要通过统计试验进行评价的定量保障要求和保障资源中规划的需评价的保障性内容进行。其涉及规划保障的合理性、保障资源适应性和有效性。

保障性演示试验应在尽可能接近预期的现场使用与维修保障条件下，选取接近于各维修级别的技能水平的人员，按规定的程序和方法实施规定的保障作业，记录规定的数据，用于评价。

在保障性演示试验中，一般不进行可能损害装备或产生安全性危害的试验项目，除非确认该试验项目对提高装备保障性水平有很高的效益。对于必须开启封装的装备或密封装备的修理工作一般只加以分析，而不进行实际的演示工作。重复性的演示工作，一般只进行一次。

7.3.5 安全性试验

根据国家相关标准的定义，安全性是装备所具有的不导致人员伤亡、系统毁坏、重大财产损失或不危及人员健康和环境的能力。它是对装备全寿命周期中存在危险的可能性及后果的综合评价属性。在航天装备的设计中,安全性是必须首要满足的属性。装备事故的起因通常是由于装备设计与制造过程中未知的缺陷和对内在危险缺乏有效的控制,因此,在航天装备的设计与制造过程中,必须进行安全性试验,验证航天装备是否满足规定的安全性要求,以确保其使用与保障的安全。

　　安全性试验是利用一定手段对航天装备进行安全性验证,评测其安全性水平的试验活动。其目的是验证和评定装备安全性是否满足规定要求,以提高航天装备的安全性。这些安全性要求不仅包括装备本身的安全性(不存在威胁)要求,还包括国家、军队和行业的相关安全性标准及装备对外界(如环境)的安全性要求。

　　对装备安全性要求的验证和鉴定,一般纳入装备的试验计划。对在研制过程中鉴别出的危险所采取的风险控制措施,其安全性验证可能需要制定专门的试验计划和试验规程。

　　安全性试验要求对航天装备的故障、危险及其相关的风险进行跟踪,对可靠性、安全性关键项目是否符合要求进行评价,以及对控制危险措施的有效性进行验证。安全性试验必须对未解决的故障、危险进行风险评估,以支持管理决策,并采取措施,确保航天装备的安全。

　　航天装备安全性试验可分为安全性验证试验和安全性鉴定试验。

　　(1) 安全性验证试验。这是装备承制单位在订购单位的监督下,为实现装备的安全性设计要求,而开展的验证性试验活动。该试验贯穿整个研制过程。其目的是验证装备是否满足规定的安全性要求,评价安全性设计及相关措施的有效性。

　　(2) 安全性鉴定试验。这是装备订购单位在承制单位的配合下,对装备安全性的能力进行全面的试验考核活动。其目的是确认装备是否满足规定的安全性要求。安全性鉴定试验主要集中在装备状态鉴定和列装定型阶段组织实施。

　　航天装备安全性试验方法主要包括3类:①试验测试。它是用仪器设备测量具体参量的验证方法,对试验数据进行分析或评价来确定所测定的结果是否处于所要求的或可接受的限度内。通过试验可以观察到装备在规定的载荷、应力或其他条件下是否会引起危险、故障或损伤。②演示。用来确定装备的使用安全性是否达到规定的要求。它通常不是用测量设备来测量参量,而是用"通过"或"不通过"的准则来验证装备是否以安全的、所期望的方式运行。例如,接通应急按钮能否中止设备的运行,绝缘物是否不易燃烧等。③检查。一般不使用专用的试验室设备或程序,而是通过目视检查或简单的测量,对照工程图纸、流程图或计算机程序清单来确定装备是否符合规定的安全性要求。例如,是否存在某种有害状态,有无不适合的材料,有无所需要的安全装置,是否存在会伤害人体的危险机械部位,是否存在会使人触电的电路,护板的开口尺寸是否合适,有无警告标志等。

第8章 航天飞行试验

航天器、运载器等典型航天装备最终是在实际飞行状态下运行使用的,因此,需要开展真实的飞行试验活动。航天飞行试验是一项高技术、高风险且非常复杂的系统工程,它是利用多种测试测量手段获取实际飞行状态中被试装备的轨迹、姿态、工作状态等各种特性参数和图像信息,以验证和评估其各项性能和质量状况。航天飞行试验是航天装备通过地面试验考核之后开展的一项全面、系统、综合的验证和考核实践活动。本章主要介绍航天发射试验和在轨试验两种飞行试验活动。

8.1 发 射 试 验

航天发射试验是指以运载器和航天器为试验对象,运用测试、发射技术,按照一定的程序和规范,进行技术准备、发射和入轨确定的一系列过程。其目的是:全面验证运载器系统总体方案、各分系统方案及关键技术的正确性和协调性;检验运载器的性能参数;检验运载器测试发射流程的正确性、合理性和覆盖性;检验运载器各分系统间接口的匹配性和协调性;检验运载器对飞行环境的适应能力。航天发射试验一般需要在发射场开展运载器的单元测试、分系统测试、匹配测试、总检查测试、推进剂加注、发射前检查、点火发射、上升段测量与控制等有关活动。

8.1.1 单元测试

单元测试是使用专用测试设备对运载器上的单机进行检查测试。其测试内容包括单机的外观检查,功能、性能参数(包括静态和动态参数)测试以及误差系数的分离测试等,重点是检查箭上单机的功能和性能参数。对于决定制导精度的装置,如加速度表、陀螺仪、计算装置等,其测试精度要求高,测试时需要创造良好的环境条件,并进行稳定性和可靠性测试,可重复进行多次测试;对于参与姿态控制的装置,侧重检查其动静态参数及输入输出的极性关系,满足测试精度要求;对于电源配电系统各单机的检查重点是电源输出精度和配电功能等。

8.1.2 分系统测试

分系统测试是按照运载器的各个分系统分别进行的检查测试,其重点是检查各系统工作中最具代表性的参数,包括各单机的主要动静态参数和分系统的动静态参数等。分系统测试的特点是项目多、采集和处理的数据量大,主要包括控制系统、动力系统、遥测系统、外测安全系统、推进剂利用系统等分系统测试。分系统测试通常采用自动化测试手段,可以串联进行,在互不影响的情况下也可并行。

控制分系统通常由制导系统、姿态控制系统、电源配电和程序指令系统三部分组成。该分系统测试项目主要包括控制计算机测试、电源测试、开路静态测试、姿控回路测试、指令检查、极性检查、加速度表检查、转台检查、调零检查和程序机构检查等。

动力分系统包括发动机、推进剂贮箱、输送系统及管路、活门和电爆管等,它是一个由气路、液路和电路组成的复杂系统。其主要测试项目包括气密性检查、火工品安装和测试、贮箱增压及气管脱落功能检查等。

遥测分系统用来测量飞行试验中的工作状态参数和环境参数,为评定飞行器性能、分析判断故障、改进设计和生产工艺提供依据。该分系统测试项目主要包括供电检查、起始电平检查、传感器检查、变换器和编码器检查、时间指令和交直流变换器检查等单机功能检查。

外测安全分系统主要是在星箭分离前配合地面测控站对运载器飞行弹道进行实时测量和监视,在运载器一、二级飞行过程中发生无法排除的严重故障时,根据地面所发出的安全控制指令或运载器平台自动发出的姿态失稳信号将火箭炸毁。该分系统测试主要包括:①遥测信息检查。检查测试运载器上应答机等单机设备加电工作时所产生的各种遥测参数,判断其工作状态。②安全指令信息检查。检查测试运载器上安全指令接收机接收到地面发出的指令编码后所产生的遥测信息的正确性和有效性。

推进剂利用分系统是以推进剂同时耗尽为目标的混合比调节系统,使得运载器发动机在各种干扰条件下,两种推进剂的剩余量满足飞行混合比要求,在发动机关机时刻两种推进剂剩余量最少,从而最大限度地利用推进剂,提高运载器的运载能力。该分系统测试主要包括调节活门测试和模飞测试。其中,调节活门测试时需与系统匹配进行,其主要目的是测试调节活门极性和调节度。模飞测试一般进行 3 次,分别在液位传感器正常工作状态、模拟燃烧剂液位传感器故障状态、模拟燃烧剂与氧化剂液位传感器均故障的状态下,检查全系统仪器设备间工作的协调性与稳定性。

8.1.3 匹配测试

在完成运载器的各分系统检查测试后,运载器各分系统间工作是否协调匹配,接口关系是否正确,都需要通过分系统间匹配检查测试来验证和确定。系统匹配测试是检验运载器相关系统综合设计是否正确,各分系统与遥测分系统间电气接口是否匹配的试验。匹配测试也是总检查的基础,其主要围绕控制、推进剂利用、遥测和外测等分系统之间配合工作来进行。目前,系统匹配测试一般包括控制分系统与外测安全分系统匹配检查、控制分系统与遥测分系统匹配检查、外测安全分系统与遥测分系统匹配检查、推进剂利用分系统与遥测分系统匹配检查等。

控制分系统与外测安全分系统匹配检查的目的是考核控制分系统发出姿态失稳信号,外测安全分系统接收安全控制信号实施自毁的功能。

控制分系统与遥测分系统匹配检查的主要内容包括数字量变换器检查(包括平台脉冲和控制计算机数字量)、时间指令变换器检查、交直流变换器检查和耗尽关机信号检查等。其主要目的是检查遥测分系统变换器接收和处理控制分系统发出的各种信号(缓变、脉冲、时串、数字量等)的功能。

外测安全分系统与遥测分系统匹配检查主要包括:检查外测安全分系统与遥测分系统无线电设备的电磁兼容性,以及外测安全分系统所有遥测参数的正确性;检测导航定位系统接收机地面数据处理终端与遥测分系统设备信息交换的正确性、稳定性及协调性;检查遥测与外安分系统接口的正确性、线路是否匹配、通道是否畅通和所要传递的遥测信息是否正确等。其主要方法是利用遥测分系统箭上和地面设备,对外测安全分系统箭上设备所产生的遥测信号进行检查。

推进剂利用分系统与遥测分系统匹配检查主要包括:箭上计算机数字量遥测匹配检查,液位变换器液位模拟量信号匹配检查,起始电平检查和数字量检查,检查遥测分系统代传推进剂利用分系统参数的正确性。

8.1.4 总检查测试

总检查测试是按照飞行程序对运载器发射前各分系统工作状态和整体工作性能进行全面、系统的检查测试。其主要目的是:考核各分系统在全系统对接状态下功能的正确性;考核各分系统按飞行程序工作的正确性;考核全箭火工品电路按程序工作的正确性;检查姿态控制系统极性的正确性;检查制导系统关机时间的准确性;检查供、配电系统参数及运载器各子级点火、分离时序等的准确性;检查各分系统遥测参数是否符合技术要求;检查安全自毁系统的自毁控制功能;检查转电电路和脱落电路的功能;检查紧急关机电路的功能和关机程序的正确性。

总检查测试按测试状态分为总检 II 状态测试、总检 I 状态测试和发射状态测试。其中,总检 II 状态测试是模拟飞行总检查,在各系统不转电,脱落插头不脱落,分离插头不分离的状态下开展测试;总检 I 状态测试是飞行状态总检查,在运载器真转电(用箭上电池供电)、真脱落(气管自动脱落,脱落插头自动脱落)、模拟飞行至级间分离的状态下开展测试;发射状态测试是模拟发射总检查或紧急关机总检查,测试状态与真实发射时的状态相同(即各系统脱落插头真脱落、真转电、气管

121

真脱落、摆杆摆开),该测试主要检查点火不成功时的自动紧急关机和自动断电功能。

8.1.5 推进剂加注、发射前检查与点火发射

对于使用液体推进剂的运载器来说,液体推进剂加注是航天发射试验的一项必不可少的重要活动。

加注前,要开展系统的气密性检查,检查控制和推进剂计量电路的工作状态,以及加注和供气系统设备的工作状态,还要进行推进剂的化验,检验推进剂的比重、温度、含水量、杂质等参数。根据推进剂化验结果和发射要求,进行加注诸元计算。通常按照先一级、后二级,先燃烧剂、后氧化剂的顺序进行液体推进剂加注工作,泄出顺序与加注顺序相反。

加注完毕后,应将加注管路中的剩余推进剂抽吸回加注库房,并拆除加注管路。加注过程中及加注后,地面加注系统都应密切监视运载器贮箱压力,并随时给贮箱增压,直到最后实施发射。

在加注完成后,通常进入发射倒计时程序,开展瞄准、发射前检查、确认各参试系统状态等一系列工作,直到点火起飞,发射运载器进入上升段飞行。

8.1.6 上升段测量与控制

运载器点火起飞、上升段飞行直到航天器入轨的过程中,主要开展以下工作。

(1)光学、雷达跟踪测量系统获取运载器的轨道参数和物理特性参数,拍摄和记录运载器的飞行状态(含姿态)图像。

(2)遥测系统获取运载器的工作状态和环境数据,航天器上仪器的测控数据也通过遥测链路下传。

(3)遥控系统通过遥控指令实施运载器的安全控制。

(4)实时计算处理系统实时计算测量系统所获取的信息,为指控中心提供显示数据,为测控设备提供引导信息。

(5)监控显示系统辅助指挥人员观察运载器的发射过程及飞行实况,以便实施指挥控制。

(6)事后数据处理系统进行运载器轨道数据和遥测数据精确处理,提供处理结果报告。

(7)航天测控系统需要通信系统和时间统一系统支撑完成发射测量控制任务。

运载器将航天器送入预定轨道后,发射试验单位要收集并进行试验数据处理,全面、系统分析测试发射、测控通信等系统执行任务的技术状况,按照规定要求组织编写发射试验报告。

8.2 在 轨 试 验

航天器入轨后,为了验证航天器和地面运控与应用系统处于真实应用环境下的各项性能和使用效能,需要开展一系列的在轨试验活动,最终确认航天器系统的性能与状态,为交付用户使用提供重要依据。在轨试验阶段,通常开展航天器平台在轨试验、天地一体化指标在轨试验、有效载荷在轨试验三类试验内容。

8.2.1 在轨试验的基本条件

组织实施航天器在轨试验时,需要满足以下条件。

(1)在轨试验所需文件准备齐全,如测试大纲、测试细则等。

(2)在轨航天器已建立工作状态,具备接收、执行地面发送的上行遥控指令和注入数据的能力,以及下传星上遥测数据和载荷数据的能力。

(3)测控、运控、应用等地面测试系统准备就绪。

(4)天地链路已建立,技术状态得到确认。

(5)参试设备需经过技术状态审定,具有计量属性的仪器及设备应经计量部门检定合格,并在有效期内使用。

(6)在轨试验所需的其他特殊或必要条件,如不同类型航天器所需的特有功能试验条件。

8.2.2 平台在轨试验

平台在轨试验主要检测和评价航天器平台执行既定功能任务的支持能力,如供电能力,姿态控制精度对服务区的影响,轨道保持控制精度及剩余推进剂支持全生命期的位置保持能力,整星温度场及温度控制能力,测控能力等。其测试内容应覆盖所有用户提出的主要性能指标,并给出性能指标是否符合任务要求的结论。测试数据包括发射飞行控制过程的数据和定点以后特别安排的数据,必要时可以与发射前地面试验测试数据比对分析。平台在轨试验的主要内容包括以下几方面。

1. 测控分系统测试

航天器的测控分系统主要包括测控天线、射频通道和基带数据处理等部分,其主要完成在轨航天器系统工作状态的采集和下传,地面控制指令的接收、处理和分发,并为地面段的测距操作提供测距信号转发通道。在轨航天器的测控分系统测试主要开展以下内容:①遥测载波频率准确度测试。测控站接收在轨航天器的遥测信号,通过频谱仪读取遥测下行信号频率,经过计算获得信标信号频率准确度。②等效全向辐射功率值(EIRP)测试。根据地面测控设备接收的航天器下行载噪比值,并综合地面站接收天线 G/T(接收品质因数)值、大气损耗、天线极化损耗、空间损耗和玻尔兹曼常数等因素,计算航天器 EIRP。③遥测调制度测试。测控站接收航天器遥测信号,通过频谱仪测量遥测副载波(单边带)与残余载波电平之比,即电平分贝值之差,再求出真值,利用贝塞尔函数表可得到遥测信号对载波的调制度。④遥控灵敏度及接收电平动态范围测试。测控站遥控上行链路发送遥控自检指令(不输出任何控制动作),利用功率计监测遥控信号发送功率,通过遥测参数检验遥控接收机对指令的执行情况,然后逐渐减小发送功率,直到遥控接收机不能执行指令为止,记录此时的发送功率,并结合地面综合测试相应的遥测参数进而推算出遥控信号灵敏度,再逐渐增加发送功率,直到遥控功率放大器饱和时,记录此时的发送功率,并结合地面综合测试相应的遥测参数进而推算出遥控信号电平动态范围。

2. 姿态与轨道控制分系统测试

航天器的姿态与轨道控制分系统主要利用航天器上的执行机构完成航天器在轨运行中的姿态确定、姿态控制和轨道维持控制等任务,为有效载荷正常工作提供必要条件。在轨航天器的姿态与轨道控制分系统测试主要开展以下内容:①控制模式功能测试。在轨运行期间,监视记录与控制系统控制模式字相关的遥测参数,根据相关遥测参数检查控制模式。②姿态控制精度测试。在星敏感器和陀螺联合定姿的方式下,监视记录与航天器姿态角度估值等相关的遥测参数,根据相关遥测参数统计分析得到姿态控制精度。③姿态稳定度测试。在星敏感器和陀螺联合定姿的方式下,监视记录与航天器姿态角速度估值等相关的遥测参数,根据相关遥测参数统计分析得到姿态稳定度。④姿态机动功能测试。地面上注姿态机动指令,指令中应包含姿态机动角度等参数,航天器按指令参数执行姿态机动,监视记录与航天器控制模式字、接收姿态机动角度、姿态角度估值、姿态角速度等相关的遥测参数,根据相关遥测参数得到姿态机动角度和稳定时间。⑤轨道保持功能测试。地面上注轨道控制指令,指令中主要包含姿态机动时刻、轨控开机时刻、轨控开机长度等参数。航天器按指令参数执行轨道升轨、降轨控制或轨道倾角控制等操作,监视记录与姿态角度估值、姿态角速度、推力器开机时间等相关的遥测参数,根据相关遥测参数及地面测定轨数据检查轨道保持。一般在第一次轨道保持前或大范围轨道机动后,应进行推力器标定。⑥太阳电池阵驱动机构功能测试。监视记录与太阳电池阵驱动机构转角、工作模式、零位信号,以及模拟太阳敏感器角度等相关的遥测参数,根据相关遥测参数计算得到太阳电池阵驱动机构跟踪太阳的精度值。

3. 推进分系统测试

航天器的推进分系统主要利用自身携带的推进剂为航天器轨道转移、位置保持提供所需的推力,并为航天器的姿态控制提供所需的控制力矩。在轨航天器的推进分系统测试主要开展以下内容:①推力器性能测试。将每次轨道保持的目标半长轴与控后实际半长轴进行比对,根据比对结果检查推力器性能。②贮箱压力和温度测试。监视记录与航天器上推进剂贮箱压力、温度相关的遥测参数,根据遥测参数检查贮箱压力和温度。③推进剂余量测试。监视记录与航天器上推进剂贮箱压力、温度等相关的遥测参数,根据遥测参数按照一定算法计算航天器当前剩余推进剂量。

4. 供配电分系统测试

航天器的供配电分系统主要用于产生、储存、调节、变换、分配电能,利用发电技术、储能技术、电源控制技术、电源变换技术、配电和低频电缆网设计技术等手段,根据需要向有效载荷及平台各分系统供电。在轨航天器的供配电分系统测试主要开展以下内容:①太阳电池阵输出功率测试。监视记录与太阳电池阵电流、母线电压等相关的遥测参数,计算太阳电池阵输出功率。②蓄电池性能测试。监视记录与蓄电池电压、容量、充放电量等相关的遥测参数,根据遥测参数检查蓄电池性能。③充放电功能测试。在航天器各种正常工作模式、光照、地影条件下,监视记录与充放电电流、蓄电池容量、蓄电池电压等相关的遥测参数,根据遥测参数检查充放电功能。④母线电压测试。监视记录与母线电压、负载电流、充放电电流等相关的遥测参数,根据遥测参数检查母线电压。⑤电源分流功能测试。在航天器各种正常工作模式、光照、地影条件下,监视记录与分流状态等相关的遥测参数,根据遥测参数检查电源分流功能。

5. 数据管理分系统测试

航天器的数据管理分系统主要利用航天器上的中心计算机与测控分系统共同完成地面遥控指令与数据信息的接收、处理和分发,航天器遥测信息的采集、组织和下传,进行航天器自主的蓄电池充放电管理、温度控制,以及数据管理分系统设备工作配置管理等功能任务。在轨航天器的数据管理分系统测试主要开展以下内容:①遥测数据格式测试。根据地面收到的下行遥测数据帧及解包后的实时遥测数据和延时遥测数据,检查航天器下行遥测的帧格式、帧长、帧计数的连续性,以及实时遥测包和延时遥测包的包长、包计数的正确性。②与其他分系统间通信功能测试。根据航天器各分系统的遥测参数和遥控指令的接收执行情况,检查星务与其他分系统间通信功能的有效性。③上行数据注入及执行功能测试。地面对航天器进行双向捕获及航天器应答机锁定,并向航天器发送直接指令、间接指令或数据,根据相关遥测数据和遥控指令执行情况,检查上行数据注入及执行功能。④明密切换和密钥更新功能测试。航天器正常姿态建立后,将其遥测、遥控由明态切换为密态,地面接收设备设置为密态。通过测控系统上注加密遥控指令,根据航天器对遥控指令的执行情况检查遥控加密功能,并根据地面对遥测数据的解析情况检查航天器遥测加密功能的有效性;地面上注新的遥控密钥,根据航天器对遥控指令的执行情况检查密钥更新功能的有效性。⑤时间校正功能测试。地面注入授时和校时指令,根据相关遥测数据及星地时差检查航天器时间校正功能的有效性。

6. 热控分系统测试

航天器的热控分系统主要是在给定条件下,采用各种可能的传热方式(热辐射、热传导、对流换热等),完成内外热交换控制,使航天器上各种设备的温度、温度差、温度稳定性满足航天器工作要求。在轨航天器的热控分系统测试主要开展以下内容:①加热器功能测试。监视记录与各加热回路工作状态、设备温度等相关的遥测参数,根据相关遥测参数检查各加热器开关状态和加热状态的有效性。②控温模式测试。监视记录与各加热回路控温模式字设置相关的遥测参数,根据相关遥测参数检查各加热回路控温模式的有效性。③航天器温度测试。监视记录所有与温度相关的遥测参数,根据相关遥测参数检查整星和各设备的温度情况是否满足工作要求。

8.2.3 有效载荷在轨试验

不同类型的航天器装载不同功能的有效载荷,常用的有效载荷包括通信载荷、测绘载荷、气象载荷等诸多类型。对于不同功能的有效载荷,根据其工作机理和特性,开展不同测试内容的在轨试验。在此以测绘航天器为例,介绍有效载荷在轨试验内容。

1. 遥感相机测试

测绘载荷在轨试验中,遥感相机测试主要开展以下内容。

(1)相机热控测试。

其主要监视记录与相机加热回路工作状态相关的遥测参数,根据相关遥测参数检查每个加热器的开关状态和控温模式的有效性;监视记录与相机温度相关的遥测参数,根据相关遥测参数得到相机的温度值,检查该温度值是否满足工作要求。

(2)成像功能测试。

当测绘航天器运行在阳光照射区时,相机对地面景物成像,根据接收到的图像检查相机成像功能的有效性。

(3)在轨定标功能测试。

针对具有星上定标灯的测绘航天器,当其运行在阴影区且星下点地面景物为海面时,开启星上定标灯,并设置相机对海面成像;接收相关图像数据,分析在定标灯开启状态下图像数据的灰度分布,根据分析结果检查相机在轨定标功能的有效性。

(4)增益调整功能测试。

根据地面上注的相机增益调整参数调整相机的成像电路增益,并设置相机对地面景物成像;接收相关图像数据,根据调整前后图像灰度的变化情况检查相机增益调整功能的有效性。

(5)调焦功能测试。

根据相机调焦前的图像质量确定调焦量和调焦方向,并根据地面上注的相机调焦参数调整相机的焦面位置,对地面景物进行成像;接收相关遥测参数和图像数据,根据相机调焦编码器遥测值计算调整后的焦面位置,或通过对调焦前后图像质量进行比对,检查相机调焦功能的有效性。

(6)图像量化位数测试。

对接收到的图像数据进行统计分析,得到图像量化位数,检查该图像量化位数是否满足工作要求。

(7)有效像元数测试。

选取灰度值适中的一景图像的原始数据,统计图像总的像元数列数,将各列像元的灰度值按列进行累加,若某一列像元累加后的灰度值接近于零,则判定该列像元为坏像元。总像元数减去坏像元数和拼接用的冗余像元数即可得到有效像元数,检查该有效像元数是否满足工作要求。

(8)成像信噪比测试。

选取地面均匀目标成像的图像,均匀区像素不应小于 10×10 像元;测绘航天器获取地面均匀目标区的图像,按一定算法计算出多列信噪比的平均值,得到均匀区的信噪比,检查该信噪比是否满足工作要求。

(9)相机动态范围测试。

测绘相机飞行经过地面靶标场的前后一段时间,在地面进行地物目标反射率以及大气特性参数、太阳方位角、高度角等信息的测量;航天器对地面靶标场成像,地面接收图像数据;通过对图像数据灰度值(DN)的计算,分析在规定的反射率和高度角时,图像数据的动态范围值是否满足工作要求。

2. 数据传输测试

测绘载荷在轨试验中,数据传输测试主要开展以下内容。

(1)对地数传信道性能测试。

对地数传信道性能测试包括信道 EIRP、频点、码速率及调制方式等参数进行检测。设置测绘航天器在单载波模式下工作,根据地面接收天线的仰角、方位角及地面设备的接收载噪比估算数传信道 EIRP,检查该参数值是否满足工作要求。设置测绘航天器在数据传输模式下工作,地面数据接收设备设定与航天器数传对应的频点、码速率和调制方式,检查解调器和帧同步器能否正常锁定,以及航天器下传数据是否正常。

(2)中继数传信道性能测试。

对于具有中继航天器传输要求的航天器而言,当其在中继航天器的数据接收范围内时,发送遥控指令设置数传分系统在中继数据传输模式下工作。中继地面站数据接收设备设定与中继航天器对应的频点及与用户航天器对应的码速率和调制方式,检查解调器和帧同步器能否正常锁定,以及航天器下传数据是否正常。

(3) 数据存储器容量测试。

航天器数传分系统进行数据记录(可单次记录或多次记录),直至固存状态遥测显示存储器满为止。根据接收到的回放图像数据计算数据回放时间,并与地面存满时间进行比对,检查数据存储器容量是否正常。

(4) 数据加密功能测试。

航天器数传分系统在加密状态下工作,地面接收相关图像数据,并根据已知的密钥对其进行解密,检查解密后的数据是否正常。

(5) 有效载荷工作模式测试。

航天器有效载荷在规定的模式下工作,地面接收相关遥测参数和图像数据,并根据该参数和数据检查有效载荷工作模式。

(6) 高级在轨系统(AOS)格式测试。

地面接收图像数据,根据对原始数据的解格式处理结果与设计格式进行比对,检查 AOS 格式是否正常。

(7) 数据压缩功能测试。

航天器成像时,数传分系统按照设定的压缩比对图像数据进行压缩。地面接收相关图像数据,并按已知的压缩比对其进行解压处理,根据解压结果检查数据压缩功能是否正常。

3. 敏感器性能测试

航天器的星敏感器(或星相机)性能测试,主要是监视记录航天器下传的星敏感器原始测量数据(或星相机原始观测数据),对相关数据进行统计分析,得到星敏感器(或星相机)的低频误差、噪声等效角及随机误差,并计算出星敏感器(或星相机)总误差,检查该误差值是否满足工作要求。

4. 定轨精度测试

定轨精度测试是地面接收图像辅助数据和全轨道航天器导航接收机原始测量数据,利用精密星历对全轨道航天器导航定位原始测量数据进行精密定轨计算,将计算结果与激光定轨数据进行比对,或采用重复轨道比对方法,统计其中误差,得到导航接收机定轨精度,检查该精度值是否满足工作要求。

8.2.4 天地一体化指标在轨试验

航天器在轨运行使用的基本形态是在轨系统和地面系统的综合一体化应用结果,航天器运行应用效果不仅直接与其自身的性能相关,还会受到轨道特性、大气特性、天地链路、地面系统等其他因素的影响。天地一体化指标是与航天器系统综合应用能力密切相关的总体性能指标,这些指标涉及在轨航天器和其他外部影响因素。对于这些总体指标的验证考核需要开展天地一体化指标在轨试验活动。在此,以测绘航天器为例介绍天地一体化指标在轨试验内容。

1. 在轨动态调制传递函数测试

调制传递函数(MTF)是表征航天光学遥感器空间分辨率的重要性能参数,通常以奈奎斯特频率下的调制传递函数值作为其特征值。MTF 是空间频率的函数,它等于输出调制度与输入调制度之比在零空间频率处进行归一化处理后的值。

为了定量评价航天光学遥感器的在轨动态成像质量,需要对其在轨动态调制传递函数进行测试。其测试方法是:按照刃边法、三线法等方法,铺设一定规则的地面靶标场,测绘航天器的相机对其成像,成像时靶标黑白之间的条缝应与航天器的飞行方向成一定夹角(实施时通过计算确定)。对收到的图像数据进行处理,得到系统在轨动态调制传递函数,检查该传递函数是否满足工作要求。

2. 成像幅宽测试

航天光学遥感器的幅宽通常根据具体应用并考虑实现途径来确定,它与图像获取模式和轨道高度等因素有关。成像幅宽与测绘航天光学遥感器在穿越轨道方向上的视场角相对应,在不考虑地球曲率的情况下,星下点幅宽可根据视场角和航天器的飞行高度计算得到。

成像幅宽测试方法是:在获取图像的行方向选取一行中的第一个和最后一个像元作为一组地标点,计算两点间的距离,并换算成对应于星下点两点间的距离,再将此距离换算成标称轨道对应的成像距离,即为相机成像幅宽。对于视场角较小的相机,可采用星下点地面像元分辨率乘以有效像元数的方式得到成像幅宽。

3. 地面像元分辨率测试

地面像元分辨率是衡量遥感图像能区分开两个相邻地物的最小空间细节的能力,通常是指在给定光学遥感器到目标距离、大气条件和目标信号强度条件下,可以分辨的地面最小目标尺度。

地面像元分辨率测试方法是:按照辐射状靶标法、平行条纹靶标法等方法,铺设一定规则的地面靶标。相机对地面靶标成像,地面接收图像数据。根据图像数据,采取相应的算法计算得到地面分辨率值,检查该值是否满足工作要求。

4. 定位精度测试

定位精度测试主要检测绝对定位精度和相对定位精度。绝对定位精度是指在同一坐标系下,通过摄影测量处理获得的目标点坐标与实地测量结果之间的差值。相对定位精度是指在同一坐标系下,一景影像内任意两点间通过摄影测量处理获得的坐标差值与两点间实地坐标差值之差。

① 绝对定位精度。

采用已知点检测验证法进行测试,且测试前航天器应完成至少一次摄影测量参数定标。当进行无地面控制点定位精度检测时,利用定轨定姿及图像数据进行摄影测量处理,并计算加密点坐标,将计算结果与外测实地测量点坐标在同一坐标系进行比对,统计其中误差,得到无地面控制条件下的绝对定位精度。当进行有地面控制点定位精度检测时,利用地面控制点参数参与摄影测量处理,并计算加密点坐标,将计算结果与外测实地测量点坐标在同一坐标系进行比对,统计其中误差,得到有地面控制条件下的绝对定位精度,检查该精度是否满足工作要求。

② 相对定位精度测试。

取一景影像进行摄影测量处理,在该影像上选取一些均匀分布的点作为加密点,通过摄影测量处理获取所选点的计算坐标,计算任意两点(即一个点对)间的坐标差值。实际测量所选点在同一平面坐标系内的坐标,计算任意两点间的坐标差值。计算摄影测量处理后所有点对的坐标差值与对应点对的实际测量坐标差值之间的差值,统计其中误差,得到相对定位精度,检查该精度是否满足工作要求。

5. 辐射定标精度测试

辐射定标精度用于描述绝对辐射定标和相对辐射定标的不确定度。对于可见光和反射红外谱段的辐射定标,其精度通常以百分数的方式表示,如绝对辐射定标精度为5%、相对辐射定标精度为2%。对于中、长波红外谱段的辐射定标,常用温度值来表示绝对辐射定标精度,如绝对辐射定标精度为1K。根据影响辐射定标不确定性的因素,通过分析和计算可以得出辐射定标的不确定度。辐射定标精度测试主要检测绝对辐射定标精度和相对辐射定标精度。绝对辐射定标用于确定航天光学遥感器输出与其入射辐射量之间的关系,只有通过绝对辐射定标才能获取目标的定量辐射信息。相对辐射定标用于确定航天光学遥感器同一谱段各探测元之间、不同谱段之间以及同一谱段在不同时间测得的数据之间的相对关系。它的一个重要应用是对同一谱段各探测元的响应不一致导致图像中的条纹进行校正,这一应用常被称作非均匀性校正或不一致性校正。

(1)绝对辐射定标精度测试。

铺设地面靶标,靶标通常为高、中、低反射率的正方形。根据航天器在靶标场的轨道倾角,提前进行靶标点位的方向坐标计算,灰阶靶标与轨道倾角成一定的夹角。航天器飞行经过地面靶标场前后各一段时间,在地面进行地物目标反射率以及大气光学厚度、漫射辐照度与总辐照度比值等信息测量。航天器对地面靶标场成像,地面接收图像数据。对地面测量数据进行处理后,作为大气辐射传输计算的输入,计算出大气层顶的表观辐亮度,同时在经相对辐射校正后的靶标场航天器影像上提取灰阶靶标区域的平均计数值,将表观辐亮度与影像的平均计数值相比较,得到传感器在轨绝对辐射定标系数。选取靶标场典型地物(如草地等),利用定标系数、航天器影像及靶标场的大气参数信息对典型地物进行影像 DN 值的计算,将计算结果与实测结果进行比对,得到绝对辐射定标精度,检查该精度是否满足工作要求。

（2）相对辐射定标精度测试。

选取满足要求的地面区域作为亮场和暗场，通常选择沙漠为亮场，海洋为暗场。航天器对亮场和暗场地面景物成像，地面接收图像数据。结合区域内部、区域之间的相对定标系数将相机的所有探测元相对校正到一致，利用相对定标系数对一景或多景影像进行相对校正，计算得到相对辐射定标精度，检查该精度是否满足工作要求。

6. 摄影测量参数几何定标测试

根据解算的参数类型，摄影测量参数几何定标方法可分为直接定标和像元指向角定标。直接定标主要解算相机主点、主距、立体相机夹角和星地相机夹角等参数。像元指向角定标主要解算相机 CCD 各像元指向角、立体相机夹角和星地相机夹角等参数。利用地面已知点，将实验室定标参数、像点量测数据（含像点坐标和空间坐标）、精密定轨数据、精密定姿数据作为输入，采用摄影测量方法同时解算相机内方位元素、相机夹角及星地相机夹角的定标结果。通过多次解算消除系统误差的影响，并采用其他具有已知控制点的地区进行验证，确定摄影测量参数定标结果的正确性。

7. 光谱谱段配准精度测试

光谱谱段配准是指把两组或多组图像数据以及不同谱段的探测器在焦面上的像几何对准，使得对应于同一景物的图像分辨单元可以用数字方式或目视方式重叠起来。光谱谱段配准的精度是描述多个光谱对同一景物成像配准的精确程度（或是几何差异的程度）。该精度测试方法是：选取地面地物较丰富的地区成像，以多个光谱中的某一个谱段影像作为基准影像，在影像上选取若干特征点，分别测量基准影像与其他各谱段影像同名特征点的沿轨方向和垂轨方向像素坐标，计算各谱段影像与基准影像同名点的坐标较差，统计全部坐标较差的中误差，即为光谱谱段配准精度，检查该精度是否满足工作要求。

在轨试验结束后，一方面要对试验测试数据进行全面分析，并给出其有效性的结论；另一方面要对航天器平台及有效载荷各测试项目进行全面分析，给出航天器是否满足规定要求的结论，并按照程序编报在轨试验报告。

第9章 航天装备仿真试验

仿真试验是装备试验的一种重要手段,在航天装备试验中具有不可或缺的重要作用。对于航天装备及其试验的高投入、高风险、技术复杂等特殊性,仿真技术具有独特优势,因而航天装备的试验验证离不开仿真技术手段。本章从仿真试验的基本概念和作用出发,主要论述航天装备的仿真试验任务、仿真试验模式、仿真建模和仿真试验工作流程。

9.1 仿真试验概述

在航天装备研制和使用过程中,仿真试验以其经济性、安全性、实用性等特点,被用于新装备论证、设计、研制、生产和使用各个阶段的试验与鉴定,成为装备试验与鉴定的一种主要手段,对于降低试验人力、物力、财力的消耗,加强试验安全保密性工作,提高装备试验质量和水平,促进装备和技术的发展,发挥着极为重要的作用。

9.1.1 系统仿真基础

系统仿真是指在实际中系统存在或尚不存在的情况下,对于系统或活动本质的复现。也就是说,系统仿真是建立系统的模型,并在模型上进行试验。系统仿真技术是在信息技术、系统技术,特别是计算机技术发展的基础上迅速形成的一门新兴的综合性应用技术学科,已经广泛地应用于工程技术、科学试验、军事研究、生产管理、国民经济、重大决策,以及自然科学和社会科学的各个领域。

1. 系统仿真的对象

系统的概念通常包括定义、结构、层次、实体、属性、行为、功能、环境、演化与进化等。一个独立的系统总是以其特有的外部表征和内在特性区别于其他系统,并决定构成该系统的实体、属性、行为及环境等方面的不同内容。同时,对于任何系统特别是复杂系统,都有通过科学研究探索和描述系统实体、属性、行为及环境的任务,这也是系统建模与仿真的最终目标。

其中,实体是具体的系统对象,如汽车、火车、弹药、机器和设备等;属性是指描述实体特征的信息,常以状态、参数或逻辑等来表征,如连续系统、离散事件、随机

132

过程、位置、速度、加速度、非、合、并等;行为是指随时间推移所发生的状态变化,如位移、速度变化和操作过程等;环境表示系统所处的界面状况,如干扰、约束和关联因素等。

在航天装备试验中,系统仿真的研究对象主要是各类航天装备,包括装备的分机、单机、系统或者由多个系统组成的更大的系统。

（1）系统研究的内容。

任何系统都存在三个方面需要研究的内容,即实体、属性和活动。实体是组成系统的对象;属性是系统所具有的每一种有效特性（状态和参数）;活动是系统在一定的环境中随时间推移而发生的状态变化。例如,在某航天发射系统中,系统的实体是发射平台及控制系统;系统的属性是设定和控制发射的各种参量;系统的活动是一系列测试发射的过程。因此,建模与仿真所要研究装备的主要内容包括:研制具有预定功能的装备;研究装备所实现的性能;检验装备与外部环境及目标作用的使用效能。

（2）系统的主要特征。

系统一般具有以下三个特征:一是系统是实体的集合。一个工程系统一般应由两个或两个以上的有效环节（或子系统）组成。系统的各个组成部分具有一定的相互独立性,又相互联系而构成一个整体。二是组成系统的实体相互关联。要使一个系统有效地按照预定时刻完成任务,它的各个环节或者各个子系统之间必须相互联系、相互作用。这种联系和作用表现为某个子系统接受其他子系统的输入,从而产生有效的输出,该子系统的输出又可能成为另一子系统的输入。系统的关联性表现为每个环节之间的信息流通和信息交换的作用。三是系统要按预定的目的运行。设计某个系统是为了实现预定的目的,因此系统应具有目的性。系统的目的性表现为两个方面:一方面是系统要完成特定的功能;另一方面是在完成基本功能的同时要使系统达到最优。

（3）系统的边界和环境。

任何系统都不是孤立的,它们都处在一定的环境中,并与环境产生相互作用。环境的变化对系统产生作用,系统的变化又会影响环境,这是系统研究中一个极为重要的方面。除此之外,对系统施加某些重要影响的因素（不能从系统内部检测这些因素）构成了系统的环境。系统的边界包含所研究对象的所有构件。系统边界的确定,需要根据所研究的内容和目标来确定哪些属于系统的内部因素及构成系统的边界限定,哪些属于系统的外部环境。这样的划分,便于研究军事装备系统建模与仿真问题和可能影响的环境条件。

系统本身是由相互联系的子系统构成的,任何一级子系统都是由更低一级的子系统构成,而任何一个系统又是更高一级系统中的一个子系统,这就是系统的层次结构。界定一个系统范围,对于研究和建立系统模型与进行仿真试验是非常重要的。

2. 系统仿真在装备试验中的作用

在装备系统的研发和使用过程中,人们通过传统的理论推演或实物试验(或真实环境条件下的实物试验)方法获取装备的有关信息,为评估装备系统的基本性能和使用效能提供可靠的依据。装备仿真试验作为一种新的试验手段,是对装备实物试验手段的补充,其目的在于更多地获取装备全寿命管理过程中所需的信息。尽管装备种类众多、型号各异,研究的问题和目的不同,所需的试验信息也不同,但系统仿真的目的是相同的,就是尽可能多地获取有效的试验信息,发现和解决装备研制、生产、使用和管理方面的问题,期望得到了解和认识所研究装备系统本质属性的结果。

系统仿真的作用是指人们使用仿真技术和手段对所研究系统产生影响和效果。在装备可行性论证、方案设计、工程研制、生产与部署、使用与管理的全寿命周期过程中,系统仿真的重要作用主要体现在以下几个方面。

(1)支持系统开发、提高研制能力。

在装备系统的研制开发过程中,建模与仿真是装备研制者最为广泛使用的工具。在装备系统研制的初期,使用建模与仿真可对拟研制系统的初步性能进行评价,并对其效能进行预先评估,以便及早发现存在的问题,完善可行性论证和方案设计。在装备研制过程的中后期,建模与仿真被用于分系统的调试、测试和校验。在装备研制项目的后期,通过建模与仿真对系统性能进行测试与检验,并对其主要特性进行重点分析,在进入外场试验前尽可能地发现和解决系统存在的问题。特别是在高新技术装备的研制开发过程中,对于提高研制能力和水平,降低研制风险,促进装备发展,具有极为重要的作用。

(2)缩短研制周期、降低试验消耗。

大型装备系统的研制,如武器系统,其研制周期长、试验消耗大,如果采用仿真试验手段,则可有效地缩短装备研制周期,减少靶场试验次数,降低试验消耗,具有极为显著的综合效益。以仿真试验代替部分甚至大部分外场试验,不仅在武器系统研制过程中体现了很高的效益,还在大型装备的研制和使用过程中,随着仿真技术的发展进一步发挥其作用。

(3)扩展试验内涵、提高试验能力。

装备靶场试验应在尽可能真实的使用环境中进行,但实际中由于复杂的环境、兵力配置、安全控制等方面的原因,难以按照装备性能要求保障真实的试验条件;在装备可行性论证阶段,需要对拟开发的系统或分系统的效能进行预先评估,无法进行真实条件下的实物试验。因此,采用系统建模和仿真技术,极大地扩展了装备试验的内涵和外延,使装备试验从传统的真实环境条件下的实物试验扩展到模拟条件下的仿真试验,从型号研制过程中部分阶段试验扩展到型号研制和使用的全寿命过程的试验,并扩展到战法研究和部队训练、使用的各个方面。

(4) 辅助外场试验、提高试验质量。

装备在外场真实环境下的实物试验,虽然试验结果的可信度高,但试验费用巨大。因此,为了降低外场试验消耗,提高试验质量,仿真试验在一定程度上发挥了支持和优化外场试验的重要作用。首先,仿真试验能够优化外场试验方案。装备研制型号在进入外场试验之前,尽可能地通过仿真试验发现和解决系统存在的一些问题,进而在分析系统性能的基础上合理选择和设置有关的敏感参数,优化外场试验方案,使其既能减少实际试验次数,又能达到预期的试验目的。其次,仿真试验可以提高外场试验结果的可信度。在试验方案设计和试验结果分析评定中,充分利用外场试验前的仿真试验信息,在外场进行小子样试验的情况下能够得到满足一定可信度要求的试验结果。最后,仿真试验能够提高外场试验中被试航天装备故障和问题的分析能力。在外场试验过程中或结束后,对于试验中被试航天装备出现的故障或发现的技术问题,可利用实际的有关测量数据或者假设的参数和数据输入相应的仿真试验系统,通过仿真试验结果快速分析和查找被试航天装备的故障原因,以便及时排除系统故障,保证外场试验顺利进行,或针对被试航天装备存在的问题改进设计。

(5) 试验保密性强、安全性好。

仿真技术在装备试验中的应用,可以有效减少装备在研制过程中向外部空间辐射电磁信号以及在试验中可能出现的危险,具有较好的保密性和安全性。在高新技术装备的研制和使用过程中,电磁信号的保密问题非常重要,甚至在很大程度上决定了装备的生存能力和效能。因此,无论是研制中的装备还是已经使用的装备,都必须减少电磁信号向外部空间的辐射以防泄密,避免干扰军用和民用电子设备的正常使用而可能发生的危险。装备仿真试验可以最大限度地减少电磁辐射,或者把电磁辐射信号控制在一定的安全范围内。如已经大量使用的各种仿真试验中心,建立了不同规模和类型的微波暗室,通过对暗室内部辐射电磁信号的无反射吸收和内外电磁信号隔离屏蔽,模拟形成电磁波传输的自由空间,并通过各种类型的模拟设备生成一定使用条件下的目标和电磁环境,从而模拟实际条件下的装备试验与鉴定。装备仿真试验的安全性是显而易见的,可在外场试验前预先发现和排除不安全的隐患,并能减少外场真实试验的次数,使得装备试验的安全性大大提高。

9.1.2 基本概念

《现代汉语词典》认为,仿真是指利用模型模仿实际系统进行实验研究的方法。国际标准化组织(ISO)对仿真的定义是"选取一个物理的或抽象的系统的某些行为特征,用另一个系统来表示它们的过程。"仿真技术是以建模与仿真理论为基础,以计算机、物理效应设备及仿真器为工具,根据研究目标,建立并运行系统模型,对研究对象(系统)进行认识与改造的一门多学科的综合性、交叉性技术。其中,模型是对研究对象数学、物理或逻辑的描述。总之,仿真是基于模型的一种科学活动。

航天装备仿真试验是指利用建模与仿真技术对实际的或设想的航天装备及技术进行分析与评价的过程,其本质是航天装备系统在仿真条件下的试验活动,包括:确定仿真试验对象和目标,建立仿真模型,构建仿真试验环境,设计仿真试验方案,仿真试验运行,仿真试验数据采集,仿真试验结果评价等过程。它涉及的技术包括系统建模、仿真体系结构、仿真运行支撑、数据处理与系统评估等。航天装备本质上是一个复杂系统,其主要功能和技术涉及信息的获取、传输、处理与利用等,利用计算机仿真模拟航天装备系统具有较好的相容性。因此,仿真试验是研究、分析和评价航天装备系统的一种非常有效的工具和手段。

虽然利用计算机进行仿真试验比较适合航天装备系统,但是要开展好仿真试验工作,使仿真试验结果可信和有效,需要关注以下重点问题。

(1)航天装备系统应用场景的仿真问题。针对航天装备系统的应用任务及特点,需要逼真地模拟出其应用环境和任务背景,特别是体系对抗的条件,还要模拟出应用空间的异构、分布、海量、不确定、不完整、对抗等特点,为研究、分析和评价航天装备系统核心能力提供逼真的应用环境。

(2)航天装备系统仿真建模问题。航天装备系统仿真建模是体系建模的问题,涉及众多领域知识,需要建立多类型、多层次的装备及系统模型,并集成这些模型,形成能协调运行的一体化系统仿真模型。航天装备系统仿真建模的难点是如何设计各功能模型集成的仿真框架和规范,支持各功能模型间的集成和交互,生成航天装备系统整体应用的仿真能力。

(3)航天装备系统仿真试验评估问题。仿真试验的最终目标是通过试验数据分析和评价试验对象,评估是航天装备系统仿真试验必不可少的关键环节。航天装备系统评估的难点是如何建立表征系统综合效能的指标体系及评估方法。系统综合效能不是单个功能系统效能的简单相加,而是要符合实际地体现出系统的整体效果。因此,如何利用仿真试验的手段评估航天装备系统的综合效能,是一个重大难题。

(4)航天装备系统仿真试验结果可信度问题。使用建模与仿真技术的最大风险在于仿真的可信度问题,这也是航天装备系统仿真试验必须面对的现实难题。造成仿真可信度问题的因素诸多,最主要的是仿真模型的可信度,其次是仿真模型使用的数据和环境条件。仿真的基本理论是相似理论,不同事物之间存在功能、空间、动态特性、信息等多方面相似现象,建立仿真模型并不要求在所有方面都要与真实对象相似,关键之处在于其是否针对仿真试验所要解决的问题。根据仿真的应用目标决定选取真实对象哪些行为特征来抽象建立相应模型,以及模型与真实对象之间的相似度多少才能满足仿真应用要求。确定仿真试验结果可信度的难点在于针对航天装备系统仿真模型体系可信度,难以建立规范、量化和可验证的度量方法。这主要是因为航天装备系统仿真模型由众多功能模型组成,这些模型的可信度缺少可量化的度量方法,它们之间的相互影响和作用使得整个航天装备系统仿真模型体系校核和验证更加困难和复杂。

9.1.3 主要特点

航天装备仿真试验是在仿真模拟的环境条件下以航天装备仿真模型或实物为研究对象进行的试验活动。它不仅具有可控、可复现、经济性好、无破坏性、大样本等一般特点,而且在其具体应用方面还具有以下特点。

(1) 航天装备仿真试验是一种对航天装备使用能力进行分析和评价的手段,不能直接解决航天装备的设计问题,但能通过仿真试验来分析与评价系统设计和实现的效果,发现其中的问题,通过反馈不断完善和改进系统的设计。经过多次迭代,最终研制出符合设计要求的航天装备。

(2) 仿真试验的对象可以是处于规划中或实际存在的航天装备,也可以是航天装备中的某些功能或技术,还可以采用计算机仿真、半实物或实物三种模型作为试验对象。

(3) 航天装备仿真试验过程实际上是在仿真条件下对航天装备使用过程的模拟。仿真条件主要是指对系统应用场景的模拟,包括任务环境(太空和地球空间的自然、电磁等环境)、使命任务、装备体系及部署、指挥关系、信息交互关系等。航天装备使用过程是由任务驱动,按业务处理流程进行的一系列在时间和空间上有序运行的系统活动。逼真的航天装备应用场景是开展好航天装备仿真试验的前提条件。

(4) 由于航天装备是在物理和功能上分布的复杂大系统,因此,航天装备仿真试验一般采用分布式结构。试验方法包括构造仿真(或称为数学仿真)、半实物仿真和原型仿真,可根据试验对象的性质(计算机仿真模型、半实物仿真模型、实物或原型)和试验的目的决定采用什么方法。

9.2 航天装备仿真试验任务与模式

9.2.1 仿真试验任务

基于仿真试验的优势特点,结合航天装备研究的实际,航天装备仿真试验可以较好地承担以下主要任务。

1. 开展航天装备系统概念仿真演示

系统概念仿真演示是指利用仿真技术,建立航天装备及其应用环境的仿真模型,在典型应用想定驱动下,通过可视化方式演示航天装备的系统组成结构、主要功能、处理流程、操作规程、关键应用能力等。其主要应用于航天装备领域新概念、新原理、新技术和新方法的研究与开发,是研究与分析未来航天装备系统的一种重要工具,同时也可用于航天装备新需求的验证与评估。系统概念仿真演示是一种基于仿真模型的试验活动,航天装备概念仿真模型开发与演示是一个循环往复、逐步细化的迭代过程,通常需要系统仿真和航天领域专家共同参与,重点关注仿真过程和结果的可视化。仿真模型运行过程能够动态表现出航天装备的功能、结构、能力和技术特征等,让抽象、模糊的系统概念及应用过程展现在人们面前。采取直观、有形的航天装备系统概念演示,结合定量的仿真试验数据分析,深化人们对未来航天装备概念、功能结构、使命任务的理解,有助于对航天装备研究成果的应用做出科学评价。另外,系统概念仿真演示可较好地建立专业技术专家与军事专家之间的沟通渠道,使之成为获取军事需求的有效工具。

2. 开展航天装备设计方案仿真分析

航天装备设计方案仿真分析是指利用建模与仿真技术,针对航天装备设计方案涉及的分析与优化问题,确定仿真应用目标,建立相应仿真模型,利用仿真模型运行结果辅助航天装备设计方案分析与优化设计问题。其任务主要来自于航天装备承制单位,解决航天装备总体论证和设计阶段的分析评价问题。在航天装备总体论证阶段,围绕系统关键技术及性能(效能)指标、使用模式、处理流程、对外关系等论证需求,根据航天装备型号的使命任务、应用环境、能力等因素,建立航天装备型号的效能仿真模型,通过效能仿真结果辅助分析和评价航天装备设计方案是否达到总体最优。此外,航天装备设计方案仿真还能分析装备研制成本与效能之间的权衡问题,以及针对航天装备关键技术的实现机理(原理)、方法和途径进行仿真试验,验证其可行性和有效性。因此,仿真试验是一种经济有效的航天技术开发试验手段。如果仿真验证环境逼真、试验验证充分合理,则可大大减少真实环境验证试验的次数和规模,降低新技术应用风险和成本。

3. 开展航天装备性能(效能)仿真验证试验

航天装备性能(效能)仿真验证试验是指在仿真条件下对开发完成的航天装备依据设计方案和指标进行测试和综合试验,验证其是否达到设计要求,主要包括系统技术体制验证、接口和功能性能指标测试、可靠性测试、综合应用能力验证等。它是承制单位检验设计效果、控制质量和决定研制阶段转换的重要手段,也是装备研制工作转入现场实装试验阶段前必不可少的环节。针对航天装备性能(效能)仿真验证试验的要求,可以利用仿真和实际航天装备相结合的方法建立综合集成试验环境,对航天装备的技术功能、综合效能、内外接口进行综合集成试验,以实现较好的仿真验证试验效果。航天装备性能(效能)仿真验证试验活动的任务针对性很强,仿真试验的规模、方法和环境取决于验证的对象和内容,具有以下共同特点:①通过仿真激励源完成各项仿真验证试验。仿真激励源包括各类信源模拟器,如雷达信息模拟器、态势信息模拟器、指控信息模拟器、平台信息模拟器、环境模拟器等。②仿真验证对象是实际的航天装备系统和技术。航天装备性能(效能)仿真验证试验环境是由实际系统、仿真模拟器及试验管理设施组成的半实物仿真环境,采用半实物仿真试验方法,需要解决仿真与实际系统的互操作、时空一致性和联合试验控制等问题。③仿真验证试验更加注重被试航天装备运行的作用结果,实时监控仿真运行和被试航天装备运行的过程,高度重视试验数据大样本的定量分析。④验证试验的仿真模型主要用于模拟航天装备运行环境,重点模拟与被试航天装备的信息交互和指挥控制等关系。

4. 开展航天装备体系应用仿真推演试验

航天装备体系应用仿真推演试验是指在航天任务的综合应用背景下,采取仿真或半实物仿真手段开展航天装备体系试验,从体系适用性角度评价航天装备的实际能力和使用效能。其主要应用于航天装备的体系贡献度与体系使用效能评估等方面。航天装备应用具有很强的体系特征,在体系对抗条件下开展航天装备体系仿真试验是今后发展的趋势。航天装备体系应用仿真推演试验任务最主要的特点是仿真对象体系性和虚实结合性。仿真对象体系性强调要建立被试航天装备体系,包括其组成系统、应用单元等试验节点,能够通过仿真试验客观评价被试航天装备在体系应用中的地位和作用,以及体系整体能力。虚实结合性是实装与仿真相结合,以分布式逻辑靶场为基础,统筹实装、仿真等试验资源,构建虚实融合互操作、应用要素完整、实时运行控制的试验空间,从而有效支撑航天装备体系应用仿真推演试验任务。航天装备体系应用仿真推演试验能够实施因受航天装备体系应用要素、环境条件、模型精度等制约而难以完成的试验任务,是开展航天装备体系试验的有效手段,可在一定试验可信度条件下,最大限度地降低航天装备体系试验难度和试验成本,更为客观地评估航天装备体系效能和适用性。

9.2.2 仿真试验模式

借鉴系统仿真试验的特点,结合航天装备试验的实际需求,从仿真对象、试验资源、试验环境、技术手段等方面综合来看,航天装备仿真试验通常可采取以下模式。

1. 计算机虚拟仿真试验模式

计算机虚拟仿真试验模式是指利用构造仿真技术建立航天装备模型,以虚拟的航天装备模型为核心,在计算机上进行试验的方式。计算机虚拟仿真也称为数字仿真。这种试验模式主要基于三方面考虑:第一,航天装备完全是基于仿真相似原理构建的计算机仿真模型。该模型依据系统结构、行为、机理和特征等,用数学方程、物理结构、逻辑行为或三者的结合来表示,是对航天装备本质的抽象和描述。第二,以计算机为核心工具进行航天装备仿真试验,建立的航天装备仿真模型必须是计算机可执行的,其最终形态是仿真模型软件。第三,仿真试验环境是一个虚拟现实的信息空间环境,仿真试验活动需要采取一定的技术手段为试验者建立可理解的试验过程和试验结果。

　　计算机虚拟仿真试验模式的优点是方便、经济、安全和可控。如果仿真模型逼真度满足仿真试验要求,则完全可以利用计算机虚拟仿真试验方法预测和分析新的概念、方法和技术给航天装备带来的使用效能的提升,并根据仿真试验结果优化装备设计方案。该试验模式可用于航天装备概念仿真演示和设计方案仿真分析。仿真结果的可信度是计算机虚拟仿真试验模式的主要难题,换言之,就是航天装备仿真模型的可信度问题。随着航天装备技术的深入发展,其功能日益多样化,性能要求越来越高,信息化、智能化特点也越来越突出。因此,如何建立更加逼真的航天装备仿真模型将成为仿真试验的最大难题。

　　2. 实装在回路中的仿真试验模式

　　实装在回路中的仿真试验模式是指被试航天装备实装置于仿真环境中进行试验,并与仿真环境共同形成一个相互关联、相互作用的试验环路系统。仿真环境提供了被试航天装备运行的外部环境模拟和必要的配试装备模拟器,包括用户平台、情报源以及有交互关系的其他系统,还包括场区自然环境、威胁环境等,并产生一个高度逼真、高置信水平的综合试验环境,以支撑对航天装备边界条件、复杂环境、使用效能开展试验评估。该仿真试验模式本质上是一种半实物仿真方法,仿真环境通常采用构造仿真来建立,主要包括各种环境模拟、计算机兵力生成、侦察情报模拟器、指挥控制系统模拟器、用户平台模拟器、接口适配器、核心体系结构及网络通信系统等。实装在回路中的仿真试验模式主要用于航天装备关键技术仿真验证、航天装备性能(效能)仿真分析、航天装备体系应用评估等试验任务。这种仿真试验模式存在以下几个难点需要解决:①对真实试验环境进行描述的仿真试验环境的逼真度问题,也就是模拟仿真模型的粒度问题,尤其是对太空环境要素的仿真逼真度。②仿真环境与被试航天装备的互操作问题,仿真和航天装备属于两个不同领域,都有自己的体系结构、规范标准和数据模型。以目前主流的仿真试验技术,解决互操作的主要方法是通过代理技术、中间件技术等手段来实现两者在数据和功能层面的接口、协议和数据转换。③仿真环境要能模拟被试航天装备特有的对外交互关系和链路信息关系,且能构成有效交互的反馈响应。

　　实装在回路中的仿真试验模式除了仿真试验的一般特点外,还具有如下特点:①可以在高度的实时动态交互条件下对航天装备的各项能力和关键技术进行试验和评估。试验环境和条件会随着航天装备状态的变化而变化,航天装备运行结果

140

对试验环境也会产生反馈作用。通过装备运行以及与仿真环境的信息交换，能模拟出与实际任务相近的情况，从而更有效地评价航天装备的能力，特别是航天装备的综合效能评估。②可以灵活、有目的地调整仿真环境和条件要素设置，并较快速地重构试验仿真环境和条件，更好地对航天装备应用的各种适应性进行试验，以便更全面、更有效地开展航天装备综合能力试验和评价。③可以模拟各种复杂的航天任务应用环境和干扰条件，完成只靠实装难以进行的某些试验项目。例如，航天装备的测试性验证中需要仿真模拟大量可能的故障，将故障激励信号注入实装中开展试验评估。

3. 基于逻辑靶场的平行试验模式

常规的装备试验受被试装备系统规模、试验资源、场区空间、自然环境条件的制约，很难对复杂的装备体系整体能力进行有效的试验检验。为了实现对装备体系整体能力的试验检验，在平行系统理论和方法的指导下，人们创新地提出了平行试验的理论和方法，为解决该难题提供了一种较为可行的途径。相关文献认为，平行试验是以现实靶场和人工靶场构成的平行靶场为基础，将物理试验和计算试验相结合，实现技术性能测试向体系整体效能评估拓展的一种方法。平行靶场也称为逻辑靶场。基于逻辑靶场的平行试验模式是将现实靶场的实际物理资源和人工靶场的虚拟资源融合到逻辑靶场内构建一个平行运行的试验体系，在这个试验体系中，将实际的被试航天装备在现实靶场内按照试验流程进行运行和测试，将相应虚拟的被试航天装备模型在人工靶场内进行虚拟运行与测试，通过物理条件和计算条件相结合的方式在线同步进行试验。其中，人工靶场(即虚拟环境)是通过计算机仿真技术构建的数字环境，它既可以利用虚拟的装备模型和现实靶场内的实际装备构成以网络为基础的试验系统，又可以利用虚拟的试验环境和实体模型构成航天装备试验系统。该模式可以将在现实靶场进行试验获得的试验数据，通过数据特性分析和处理得出人工靶场所需的模型参数，并对人工靶场仿真试验的数据进行验证和校核，再利用修正后的仿真系统与实装系统共同完成更加全面、充分的虚实结合试验鉴定任务。这种模式较好地解决了实际参试装备数量不足、试验体系不完整、试验复杂环境条件难以构建、装备体系效能考核难等问题。

9.3　航天装备仿真建模

模型是人们对现实世界基本性质和特征的客观具体描述。在系统建模与仿真中，系统模型是对系统某些方面的本质属性的抽象和简化，并以某种特定的形式来描述，可通过对模型的分析研究，加深对系统原型的了解和认识，因此建立系统模型是系统仿真过程中一个极为重要的环节。系统仿真模型的有效性决定系统仿真的质量，甚至决定系统仿真试验的成败。

航天装备具有系统复杂多样性,开发其模型是一次极其艰难的工作,需要不断开展"建立模型—校验模型—改进模型"的活动。因此,在航天装备仿真试验中,关键是要根据试验鉴定的目的、内容、要求及航天装备实际使用条件,在对航天装备和各种外界环境进行分析的基础上,选择合理的仿真试验手段和系统模型表达形式,建立能够达到预期目的的系统模型。

航天装备仿真建模过程可分为概念建模、仿真模型设计和仿真模型实现三个阶段。概念建模是对航天装备在功能、结构和行为特性等方面的抽象。概念模型描述的是航天装备本身的特征,与仿真模型的具体设计和实现无关。仿真模型设计是指在概念模型的基础上,根据航天装备仿真试验任务和目标,对航天装备的功能、结构和行为进行描述。仿真模型实现是指通过计算机或物理效应设备来实现航天装备的功能和行为。这三个阶段的工作相互衔接、相互支撑。概念建模是仿真模型设计的输入,也是整个仿真建模工作的基础。仿真模型设计是仿真模型实现的输入,仿真模型实现结果会反馈到前面两个建模阶段,通过仿真模型运行发现设计中的问题,进而改进和优化仿真模型的设计。

9.3.1　概念建模

概念是指能够为人类认识的特征,它是对不同事物呈现不同现象和特征的总结。在仿真领域,概念模型得到广泛的应用,针对不同的应用目标有多种不同的概念模型定义。但普遍认为概念模型是对客观世界的第一次抽象,为仿真模型的设计开发、校核与验证奠定基础。

概念模型是对航天装备在功能、结构和行为特征等方面的抽象,也是仿真对象在客观世界中一致的行为和特征描述,通过合理、必要的假定,降低了复杂性。概念模型是建立航天装备仿真模型的基础。

客观正确地表达航天装备的任务、功能、结构和行为特征,建立规范、可重用、与仿真实现无关的系统概念模型是开发概念模型的目标。针对航天装备综合性、体系性的特点,概念模型开发通常采用从顶向下、逐步求精的方法实施。先从顶层分析航天装备功能组成、使命任务、应用条件、主要功能、物理结构与外部环境的交互关系,明确仿真对象的边界、使用环境和条件。在此基础上,分析航天装备各子系统的功能行为及特征,包括信息交互关系、处理流程、运行模式、技术体制、关键处理算法和模型等方面,明确航天装备的行为特征。

航天装备概念模型主要通过图(组成图、处理流程图、交互关系图等)、数学公式、表、数据和文字来描述。目前还没有规范的航天装备概念模型描述方法和支撑工具,可采用的工具包括体系结构设计方法及工具、统一建模语言(UML)、实体关系图建模方法(ERD)、数据流程图建模方法(DFD)等。

一般情况下,航天装备概念模型的主要描述内容与装备研制方案的部分内容相同。因此,在实际的航天装备仿真试验开发中,可以通过参考系统研制过程中的相关文档资料,如设计方案、测试评估报告、操作使用手册等,辅助建立系统的概念模型。

航天装备概念模型的开发人员主要包括航天装备总体人员、相关领域专家及仿真总体人员。概念模型作为仿真模型开发的依据和约束,其逼真度和可信度关系到仿真模型开发及试验的成败。

航天装备概念模型的作用体现在以下三个方面。

(1)概念模型是一种有效的交流工具,方便航天装备及试验技术专家与仿真建模人员的交流和沟通。航天装备技术专家通过概念模型描述装备的概念、用途、组成和运行特性等;对于结构和功能复杂的航天装备,仿真建模人员通过概念模型易于正确把握装备的本质,便于建模工作的有效开展。

(2)概念模型能有效降低航天装备仿真建模的复杂度。先建立航天装备的概念模型,再从概念模型建立仿真模型,要比从航天装备直接开发仿真模型容易,便于发挥航天装备专家和仿真建模专家各自的优势。

(3)概念模型能有效提高仿真模型的开发效率。概念模型是对航天装备本质及其行为的抽象与建模,与仿真实现无关。基于规范、权威的航天装备概念模型,综合考虑特定的仿真试验任务需求来开发仿真模型,可以提高建模的有效性。

9.3.2　仿真模型设计

航天装备仿真模型是对实际装备系统的抽象。在概念模型的基础上,根据仿真试验的目标和要求,深入描述航天装备的功能、结构及行为特征,形成航天装备仿真模型,奠定仿真试验的基础。航天装备仿真模型是试验仿真系统设计的核心。

仿真模型设计的目标是形成满足仿真试验应用需求的航天装备模型,既要再现航天装备的本质,又要满足仿真试验可信、可控、经济和安全等要求,达到仿真试验的应用目标。

针对航天装备仿真模型体系性特点,仿真模型设计的主要过程包括仿真模型总体设计和各功能仿真模型设计两个阶段,形成支撑航天装备仿真试验活动的仿真总体模型、各功能域仿真模型及使用环境类仿真模型。

仿真模型设计的主要内容包括仿真模型总体组成、功能性能指标、运行模式、运行支撑环境、集成框架和接口规范、各种应用领域的专用仿真模型等。其采用面向对象技术、面向服务技术、商用仿真建模工具、软件设计分析工具等,形成仿真模型设计文档,包括仿真模型总体设计方案、各功能域仿真模型与算法软件的设计方案等。

参与航天装备仿真模型设计的人员主要由仿真总体人员、仿真软件设计人员、领域建模专家等组成。

航天装备仿真模型在整个仿真建模过程中发挥承上启下的作用。一方面,航天装备仿真模型是真实航天装备在仿真环境中的表达,反映概念模型揭示的系统本质,满足仿真模型逼真度的要求;另一方面,航天装备仿真模型设计是下一阶段仿真模型实现的输入和基础。

9.3.3 仿真模型实现

仿真模型实现的目标是利用计算机或物理效应设备来实现航天装备的功能和行为,概念建模和仿真模型设计阶段的工作都是为这个目标服务的。针对航天装备仿真试验,仿真模型实现的基本途径是通过计算机、网络及相关信息处理设备来模拟航天装备的功能和行为,仿真软件、模拟器或仿真系统是航天装备仿真模型实现的形态。

仿真模型实现过程可分为仿真模型软件开发、集成和测试三个阶段。对于航天装备仿真试验,由于仿真模型集成了多个不同功能域的模型,各功能域模型的集成以及集成效果是否满足系统仿真模型整体运行要求,不仅与单个模型软件开发有关,还与各功能域模型集成紧密相关。

因此,航天装备仿真模型集成和测试是仿真模型实现的难点和关键,这不是一个简单的仿真模型软件开发和集成问题,而是一个复杂的模型系统综合集成问题,涉及各功能域模型数据、功能和业务流程的集成。

仿真模型集成和测试的基本过程包括以下几方面。

(1)在仿真模型集成前,先对已实现的各功能仿真模型进行测试,包括模型软件功能和接口符合性测试。

(2)在仿真模型总体设计的集成框架上集成各功能仿真模型软件。

(3)开展仿真模型集成联试工作,包括接口联试、单项功能联试和功能综合联试等内容。

(4)根据仿真模型设计指标,对集成的仿真模型系统进行测试,包括仿真模型实现的功能性能指标、运行模式、运行性能和可靠性要求等内容。

9.4 航天装备仿真试验工作流程

航天装备仿真试验主要是利用建立的仿真条件对航天装备实装或模型进行试验的一项科学活动。针对不同的试验目的和试验内容,航天装备仿真试验的工作流程会有所不同。通常,典型的航天装备仿真试验工作流程可以分为仿真试验任务需求确定、仿真试验规划设计、仿真试验环境构建、仿真运行与数据采集、仿真试验评估与结果反馈五个步骤,如图9-1所示。前一个步骤的工作结果是后一个步骤的工作输入,五个步骤相互衔接和支撑。

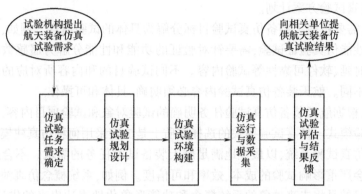

图 9-1 典型的航天装备仿真试验工作流程示意图

9.4.1 仿真试验任务需求确定

在航天装备的全寿命周期中,每个阶段都需要相应的仿真技术来支撑,并需要进行相应的仿真试验。每个阶段都有可能提出结合具体问题的仿真试验任务。仿真试验任务需求确定主要包括明确试验的目标、对象、时间、经费、组织者等内容。试验目标的确定非常关键,不是所有的问题都能通过仿真来解决,应该知道仿真试验的局限性,哪些问题通过仿真解决比较合适,哪些问题不太合适,哪些问题必须通过仿真和实装试验相结合才能解决。

在提出航天装备仿真试验任务之后,要明确仿真试验目标,进一步确定试验对象、内容和模式,从而确定对试验环境的需求。航天任务应用需求决定航天装备研制的成败,仿真试验需求是否明确合理同样决定仿真试验任务的成败。一般情况下,在确定航天装备仿真试验需求的过程中,需要航天装备研发人员、仿真试验人员和用户代表共同参与。

在确定仿真试验对象时,仿真试验人员要清楚试验对象有哪些,是航天装备关键技术、仿真模型、原型还是实装。同时,仿真试验人员还需要了解试验对象的组成结构、特点和工作机理,为试验模式确定和试验环境构建奠定基础。对试验对象的知识掌握越多,越有利于仿真试验目标的实现。

根据仿真试验的目标、对象规模,明确航天装备仿真试验任务的时间周期、经费来源、装备试验单位任务分工等内容,为后续制定仿真试验方案计划奠定基础。这些工作内容的确定都是组织实施航天装备仿真试验任务的前提条件。

9.4.2 仿真试验规划设计

在明确了仿真试验任务需求之后,需要开展航天装备仿真试验规划设计工作。其主要包括仿真试验项目及内容设计、仿真试验模式确定、仿真试验环境构建需求、形成仿真试验方案计划。

　　首先,需要将航天装备仿真试验目标分解为具体的试验内容。例如,航天遥感系统功能性能仿真验证试验,需要针对验证的功能和性能分解为遥感数据处理容量、精度、时延、软件可靠性等试验内容。不同试验目的和内容所对应的试验环境和参数也不同。航天装备仿真试验内容必须明确、具体和可操作。

　　其次,根据航天装备仿真试验任务明确的试验对象和试验项目内容,选择合适的仿真试验模式。仿真试验模式的选择实质上是决定采用何种仿真建模手段建立航天装备仿真试验系统,以最佳地满足航天装备试验任务的需求。不合适的仿真试验模式会严重影响试验的成本、效率和可信度。例如,系统概念仿真演示任务的主要试验目的是将未来抽象的系统概念和功能形象化地表达出来的供讨论,解决未来航天装备的任务应用需求问题,而不是具体技术实现问题。因此,一般选择计算机仿真试验模式较合适。如果采用实装在回路中的仿真试验模式,则要开发出未来系统的实物原型,研究经费和时间很难支持。

　　再次,在综合分析试验对象、内容和模式的基础上,研究提出航天装备仿真试验任务的支撑环境和条件构建需求。在仿真试验环境需求描述中,除试验任务、目标、对象、内容和模式外,要重点描述仿真试验环境的主要功能、指标和使用要求。其中,主要功能包括:航天任务应用环境仿真功能、计算机兵力生成功能、系统外部交互对象仿真功能、仿真数据库管理功能、试验环境及运行参数配置功能、试验监视与控制功能、试验数据采集与处理功能等。主要指标包括:模拟的地形地貌特征、气象条件、海洋特征、太空环境特征,计算机模拟的目标种类和数量,模拟的传感器、通信链路、指挥控制单元及应用终端的类型和数量等。仿真试验规划设计阶段的工作是形成仿真试验环境需求文档,它是下一阶段仿真试验环境构建的依据。仿真试验环境需求十分重要,它关系到试验环境构建并会最终影响试验结果的可信度。因此,仿真试验环境需求一般需要得到试验总体单位和用户代表的审查认可。

　　最后,制定航天装备仿真试验方案和计划。仿真试验方案主要内容包括试验项目、测试内容、测量次数、方法步骤、测试环境条件、输入参数、接口、数据采集和处理要求等。试验实施计划是试验必须严格遵守的行动计划,包括每项试验的操作程序、各个测试站位的协同动作和整个仿真试验工作计划安排等。其目的是保证仿真试验实施中各个测试站位工作的协调一致性,避免失误,提高效率。例如,对于计算机仿真试验模式下的蒙特卡罗试验,还需进行仿真模型运行次数设计、随机数种子选择、模型输入参数设置及不同参数之间的组合设计等内容。在制定航天装备仿真试验方案和计划时应注意把握以下几点。

　　(1)了解仿真试验系统的组成和功能,明确实物与仿真模型的内容。

　　(2)了解设备间的连接方式、信号形式及匹配方式等,掌握系统的信息特征和流程,并协调好信息间的时空关系。

（3）拟制仿真系统调试程序,注意调试的步骤一般是先单机后系统、先小系统后大系统。拟制仿真试验工作程序,要包括系统启动、停止和运行的工作程序,以及自检工作程序。

（4）根据仿真试验的内容和要求,必要时提出所需的设备和仪器清单。

（5）建立仿真试验数据处理分析方法,只有通过对试验结果精细分析后,才能确认是否达到了试验的目的和要求。因此,需要拟制仿真试验结果分析预案,必要时预编软件进行计算机分析以提高效率。

（6）在有些仿真试验方案拟制中,试验项目的参数选取和环境设置要考虑与真实条件下试验的可比性,以便事后将仿真试验结果与真实条件下的试验结果进行一致性分析,即仿真试验结果的可信度确认。

科学合理的试验规划所形成的试验方案能有效提高仿真分析与评估的效率和可信度。值得注意的是,不同的试验规划会得到不同的试验结果,特别是在想定和模型参数的设置上。航天装备仿真试验规划工作需要重视对先验知识数据和基础数据的准备。因此,必须对仿真试验所用数据认真地进行校核、验证和确认(VV&A),并将其视为提高仿真试验结果可信度的重要措施。仿真试验规划常用工具和软件包括仿真配置工具、剧情产生软件、仿真数据库等。

9.4.3 仿真试验环境构建

仿真试验环境构建需要根据航天装备仿真试验环境构建需求,进行相应的设计、开发和集成,构建支撑仿真试验任务的环境,包括硬件平台、专用仿真模拟器、仿真软件、仿真管理与控制设备、仿真数据库、数据采集与处理软件等。仿真试验环境构建是航天装备仿真试验中最为关键的任务,它决定航天装备仿真试验任务的成败。

不同的仿真试验模式对仿真环境的组成结构、技术体制、运行方式和模型逼真度会提出不同的要求。计算机仿真试验模式是以结构化模型运行的试验,采取仿真软件开发的方式构建试验环境,形成与航天装备试验任务相适应的仿真软件系统。实装在回路中的仿真试验模式是一种典型的实物与仿真相结合的试验。航天装备仿真试验的环境组成结构复杂、技术实现难度大,涉及仿真系统总体设计、建模、仿真运行支撑平台、仿真软件开发、网络、仿真与实际系统互操作、仿真模型校核与验证(VV)、数据采集等技术。基于逻辑靶场的仿真试验模式是仿真和实物相结合的平行试验,但两者已不是独立的体系,而是在底层网络、计算、储存、数据、基础服务等资源共享的基础上建立了现实靶场和人工虚拟靶场之间的逻辑靶场,形成了一种可互操作的新型试验体系,其环境构建不再单纯是为了仿真试验,还涉及航天装备领域共用信息基础设施的建设与应用问题。

在航天装备仿真试验环境构建的过程中,还涉及试验环境配置问题,即要如何选取仿真试验资源,支撑构建面向航天任务的装备仿真试验系统。试验人员需要按照航天装备仿真试验方案要求,有针对性地选择合适的试验设备、器材和工具,动态构建相应的仿真试验系统。当现有资源不满足航天装备仿真试验环境配置要求时,需要获取新的试验资源或者研发新的试验设备。

9.4.4 仿真运行与数据采集

依据航天装备仿真试验方案计划,利用提前配置好的仿真试验环境,有序地执行航天装备仿真试验项目内容。在航天装备仿真试验运行过程中,由数据采集设备记录试验运行数据,并可以通过仿真监控、导调等工具实施人机交互,使仿真试验过程和态势可控。仿真运行的输出是试验过程中采集的航天装备仿真试验数据,主要包括航天任务应用态势数据、被试对象的输入输出数据和运行状态数据等。为了得到有效可信的试验数据,在正式进行仿真试验前,要求完成以下三方面工作。

(1)对航天装备仿真试验环境进行功能性能和可靠性测试,以确保仿真运行稳定可靠,功能性能指标达到仿真试验环境构建要求。每次仿真试验都需要一定的运行周期,在这段时间内一般不允许出现死机或局部功能性故障,否则此次试验无效,因为不正常的仿真运行状态会影响模型计算结果的正确性。对于实时性要求高的仿真试验任务,仿真运行的时效性也会影响试验结果的可信度。

(2)对航天装备仿真试验环境运行结果进行验证。在仿真环境构建过程中,必须要对每个仿真模型进行校核和验证,而在仿真运行阶段的验证工作是针对各种仿真模型综合集成后的运行结果进行验证,尤其是实装和仿真相结合的综合集成环境。仿真运行结果验证工作比较复杂和困难,需要根据具体的仿真试验环境采用相应的验证方法进行。在实际的仿真试验中,仿真运行结果验证工作往往被忽略或简单化,但实质上,这项验证工作是必不可少的。

(3)进行仿真试验系统的检查与联调。其目的是使仿真试验系统中各分系统和测试单元处于正常工作状态,确保仿真试验结果的有效性。在仿真试验系统检查与联调中,要严格按照各分系统及各设备单元的技术指标要求进行检测,并做好检测记录,以备后查;严格按照系统联调程序进行调试,要在被试装备未接入仿真系统前进行仿真测试系统的联调,当被试航天装备接入系统并检测正常后,再进行仿真试验系统整体联调测试,并做好相应测试记录,为后续正式执行航天装备仿真试验项目提供有力保证。

一般情况下,只要试验准备工作充分、模型正确、系统设备工作可靠稳定,仿真试验就会进展顺利。在仿真试验实施过程中,应注重把握以下事项。

(1)严格按试验程序实施。仿真试验要严格按照装备仿真试验规定的程序进行。在比较复杂的装备半实物仿真试验中,由于参试设备和人员众多,因此,规范化的操作和协调一致的工作程序,是提高效率的关键。

(2) 加强过程检查分析。在仿真试验实施过程中,要在关键的测试点上设置观察点,并注意收集各测试点上的信息,做到边试验边观察。其目的在于通过观察分析,现场判断仿真系统工作是否正常,测试数据是否有效。一旦发现仿真试验系统工作不正常,应及时校正,避免事后发现问题,导致需要重做或补做相关试验项目和内容,造成人、财、物和时间上的无谓消耗。另外,对于仿真系统工作状态的判断可经过一定的经验积累,掌握其中关键的观察点,并可建立专家系统,提高仿真实施过程中系统故障的检查分析能力。

(3) 及时处理仿真试验问题。在航天装备半实物仿真试验过程中,由于系统设备状态的变化、仿真软件运行故障、试验方案不完善或其他因素影响,需要完善或调整试验方案部分内容。若超出预定的备用方案,则需要及时修改试验方案和改变试验程序,并做好各方面的技术协调工作,保证仿真试验正常实施。

9.4.5 仿真试验评估与结果反馈

航天装备仿真试验的最后阶段是试验评估与结果反馈。试验评估的主要工作包括以下几方面。

(1) 建立仿真试验评估指标体系和评估模型,这项工作应当在仿真试验规划设计中完成,并落实在试验相关方案中。

(2) 对记录的试验数据进行汇总和预处理,剔除异常数据。

(3) 根据记录的数据对单个系统评估指标进行统计计算,获得单个指标的评估结果,并在此基础上进行综合评估。

(4) 试验评估结果处理,包括评估结果的显示、分析和归档等。试验评估通常由专门的评估软件和工具支撑,涉及航天装备能力或技术(如性能、使用效能和适用性方面)评估的方法和数据、数据处理的方法和技术、评估结果的可信度和灵敏度分析等方面。

(5) 形成仿真试验报告,并反馈给相关单位,以便其参考利用。

航天装备仿真试验结果分析是仿真活动中极为重要的一环。人们通过仿真试验所获取的数据来分析和研究被仿真系统的特性,其仿真结果是否有效,数据是否可信,是仿真试验结果分析要解决的问题。由于仿真系统的复杂多样性,仿真结果处理方法也不尽相同。

(1) 仿真试验结果的一致性检验。

仿真是基于仿真模型运行试验的一种活动。由于人们对所仿真系统的认识程度和建模过程中必须考虑的取舍因素,因此系统仿真试验结果与真实系统试验结果是否匹配,是人们在仿真结果处理中重点关心的问题,这也是仿真技术中需要研究和解决的一个关键问题。

（2）仿真结果分析。

通过对仿真系统试验结果与真实系统试验结果的一致性验证，在确认了仿真数据的有效性（在一定的置信水平下）之后，即认为该数据是可信的和有效的，才能对仿真系统输出量的特性结果进行分析研究，并掌握仿真对象的基本特征或部分特性。系统输出量特性分析方法，通常将输出量分为静态数据和动态数据两种情况来考虑。对于动态数据分析同样可以在时域或频域中进行。

经过一致性检验和确认是有效的和可靠的仿真试验结果，在一定程度上比较真实地反映了被试航天装备或系统的某些特性，它是仿真试验获取被试航天装备或系统重要的信息，在装备论证、设计、研制、鉴定和使用等方面具有极大应用价值。尽管装备仿真试验的类型、目的和内容各不相同，其仿真试验结果的应用也有所侧重，但基本的应用主要有以下几个方面。

（1）装备试验与鉴定的验前信息。

当真实条件下装备试验的统计试验次数较少（即小子样）时，利用仿真试验的结果作为验前信息，把系统真实条件下的试验结果与仿真试验结果有效地结合起来，可以对系统的性能指标做出更合理的统计推断，提高装备试验与鉴定的质量和水平。

（2）装备部分指标的鉴定。

由于装备在真实环境条件下进行试验与鉴定，有时系统所要求的极限使用条件是无法实现的，只能通过仿真试验条件来保障。仿真模型与试验结果经确认有效后，其仿真试验结果可以作为真实条件下对被试航天装备的某些性能指标做出的鉴定结果。如雷达侦察系统试验，要求在复杂的雷达电磁信号环境中能够截获、处理和识别多种威胁源的雷达信号，其信号密度高达每秒几十万甚至上百万个脉冲信号（约为几百部雷达），靶场无法使用真实的雷达形成试验环境来进行有关性能指标的测试，因此，此类试验项目只能通过仿真试验来实现。目前，靶场通常使用逼真度很高的雷达电磁信号环境模拟器，在微波暗室内，按要求形成接近实战条件下各种复杂的雷达电磁信号环境，进行雷达电子战装备在复杂电磁信号环境下的侦察能力仿真试验，其仿真试验结果可作为雷达侦察系统在复杂信号环境条件下有关性能指标的鉴定依据。

（3）优化外场试验方案。

在外场真实环境条件试验前的仿真试验，是优化外场试验方案的重要依据。由于仿真试验不受时间、地点、环境等条件的严格限制，具有消耗少、重复性好、试验环境可以模拟控制等特点，能够对影响装备的多个参数和不同水平（不同的目标与环境条件）进行比较充分的试验，获取大量的装备仿真试验数据。通过对仿真试验数据的分析，可以比较全面地了解掌握不同等级水平条件下试验目标及环境对装备影响的基本情况,在进行灵敏度分析的基础上,选择对装备影响较大的主要参数和典型的等级水平进行外场真实环境条件下的试验,这样可在不降低装备试验质量和水平的情况下,有效地减少外场试验的航次数量,缩短外场试验周期,降低试验消耗,提高试验效率。如在雷达干扰装备对导弹末制导雷达的干扰效果试验中,对于不同的干扰方式、干扰样式、干扰信号参数,其相关组合而成的干扰样式多达几十种,在无仿真试验的情况下,通常经过理论分析选取十几种干扰样式进行干扰效果的外场试验,在干扰信号参数的优化选择上很难达到比较理想的程度。而在实物和半实物仿真试验条件下,各种干扰方式、干扰样式都可以得到充分的试验,其干扰机理和干扰效果也可以得到比较可靠的验证,外场试验仅需选取几个典型的干扰样式重点进行验证就可以对其干扰能力和干扰效果做出鉴定。因此,在外场真实环境条件试验中,利用仿真试验结果优化外场试验方案是非常有效的。

(4) 装备故障分析。

在外场真实环境试验中,由于被试航天装备的故障或自身存在的问题而导致试验失败的事件时有发生,这也是装备研制过程中在所难免的。为了提高试验的成功率,一个极为有效的方法是在装备外场试验前,尽可能地通过仿真试验发现装备系统存在的问题,以及在外场试验失败的情况下,尽快地通过仿真试验查找和分析其中的原因,排除隐患,确保再次外场试验的成功。对于大型武器系统,如果实装试验失败,则除了理论分析外,往往利用外场试验数据,采用仿真试验方法重现故障现象,通过对仿真试验结果的分析,查找问题的原因并寻找解决问题的办法和方案,检验采用技术方案的正确性。

(5) 仿真模型的修正。

仿真试验数据比较真实地反映了仿真模型或仿真试验系统模型的特性,为分析、研究和修正模型提供了宝贵的信息。在模型的检验、校核和确认过程中,需要利用仿真试验数据与真实试验数据进行一致性检验,在满足一致性要求的情况下才可以使用仿真试验数据,反之则需要对仿真模型进行修正。通过对模型修正前后的仿真试验数据进行比较,可以检验模型改进的程度。仿真试验数据和相应的模型版本记录着建立模型和不断修正、完善模型的过程,对于模型的研究与发展同样具有重要的作用。

第 10 章　航天装备试验评估

试验评估是航天装备试验工作的核心内容。其主要作用是对试验获取的被试航天装备信息进行分析处理和评价,为试验决策者提供试验结论。能否科学有效地实施试验评估,直接影响航天装备试验结论的可信度。本章主要阐述航天装备试验评估的有关概念、基本流程和常用典型方法。

10.1　试验评估概述

为准确理解航天装备试验评估,需要阐明其涉及的基本概念,并结合航天装备特点分析其基本要求。

10.1.1　试验评估概念

评估是评估者对评估对象的各个方面,根据评估标准进行量化和非量化的测量,最终得出一个可靠且逻辑的结论的过程。航天装备试验过程和评估过程是相互关联、紧密结合的关系,其关系如图 10-1 所示。

评估包含五个基本要素(5W):评估目的(why)、评估主体(who)、评估对象(what)、评估时机(when)、评估方法(how)。在此,通过以上五个基本要素分析航天装备试验评估的基本内涵。

1. 评估目的

航天装备试验评估的主要目的包括以下几方面。

(1) 为航天装备交付用户使用的决策提供依据。航天装备试验评估需要充分摸清航天装备性能和使用效能"底数",提出被试航天装备使用效能等方面评估结果,为装备正式交付提供决策依据。如某航天器装备试验评估,对于系统是否达到设计指标要求,能否满足使用要求,能否适应太空、电磁干扰等复杂环境,系统是否稳定可靠且便于用户使用等问题,都需要评估给出结论。

(2) 为用户使用提供建议。航天装备试验评估应给出装备的使用建议,如装备编配、使用保障等。

(3) 为航天装备改进、完善提供建议。在航天装备试验评估过程中,可以发现航天装备的问题和缺陷,针对这些问题和缺陷,提出下一步航天装备改进、完善的

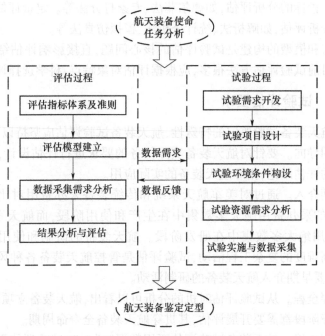

图 10-1　试验过程与评估过程的关系示意图

意见建议。

2. 评估主体

试验评估一般由航天装备的试验论证单位牵头组织实施,航天装备的试验单位和承制单位等参与试验评估工作。

3. 评估对象

试验评估对象为被试航天装备,按照其规模大小,可分为单装、系统和体系级装备。

4. 评估时机

航天装备全寿命周期各个阶段关键节点需要开展相关评估工作。在航天装备工程研制阶段,需要开展第一阶段试验的评估,为航天装备研制阶段决策提供重要依据;在航天装备交付用户使用前,需要开展第二阶段试验活动,对其使用效能和适用性进行评估,为航天装备正式交付的决策提供重要依据;在航天装备运行使用阶段,需要开展第三阶段试验活动,并进行相关评估,为航天装备改进升级提供重要依据。因此,从评估时机和试验任务划分,可分为不同阶段不同时机的试验评估。

5. 评估方法

航天装备试验评估方法主要包括定性评估方法和定量评估方法。定性评估方

153

法被用于定性指标的分析评估,如德尔菲法、专家打分法等。定量评估方法被用于定量指标的分析评估,如解析法、统计分析法、模拟仿真法等。

　　评估方法和模型的构建是试验评估的核心问题,直接影响评估结论的有效性和合理性。目前试验评估方法很多,应根据评估对象特点,科学选择评估方法。

10.1.2　试验评估要求

　　考虑到航天装备试验鉴定的特殊性,航天装备试验评估应坚持以下基本要求。

　　(1) 实用导向。要针对航天装备实际任务的要求进行评估设计,给出使用效能和适应性的评估结论,指导航天装备的实际应用。

　　(2) 早期介入。通过对美军航天系统和传统装备采办费用对比分析可以看出,传统装备的采办费用绝大多数集中在生产和使用阶段,而航天系统(航天装备)的采办费用绝大多数集中在研发阶段。航天装备的研制和使用是一种高投入、高风险、高难度的复杂工程活动,试验评估是管控航天装备各种风险的一种有效手段,因此要早期介入航天装备的研制活动。

　　(3) 贯穿全程。从试验评估时机的分析可以看出,航天装备立项论证、工程研制和使用保障阶段都需要开展评估,其贯穿航天装备全寿命周期。

　　(4) 数据支撑。航天装备试验评估要用数据"说话",试验评估需求分析要准确提出试验需要采集的评估数据,试验评估模型要对试验数据进行科学合理的计算处理,试验评估结论要以试验数据处理结果为依据。总之,试验评估全过程中要充分利用各种试验数据,以确保其正确性和可信度。

　　(5) 评估手段多样。航天装备具有高价值、小样本等特征,特殊而真实的试验条件构设艰难,实装试验评估数据有限,这就要求必须综合利用模拟仿真、比例模型等效、类比分析等多种手段开展试验评估。

10.2　试验评估的基本程序

　　航天装备试验评估的基本程序如图 10-2 所示,主要分为试验评估准备、试验评估实施和试验评估结束三个阶段。在试验评估准备阶段,主要明确试验评估需求、构建试验评估指标体系、开展试验评估数据需求及来源分析,这些工作主要在试验大纲设计、实施方案制定等试验准备中展开;在试验评估实施阶段,主要开展试验评估数据收集和整理、试验评估数据分析和评估计算;在试验评估结束阶段,主要提出试验评估结论。

10.2.1　明确试验评估需求

　　不同试验任务类型,其评估目标也不尽相同。通常对于第一阶段试验(性能

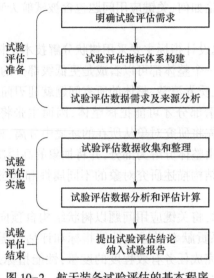

图 10-2 航天装备试验评估的基本程序

试验),其主要评估目标是评价航天装备各项性能指标是否满足研制总要求;对于第二阶段试验,其主要评估目标是评价航天装备使用效能和适用性是否满足用户使用要求;对于第三阶段试验,其主要评估目标是评价交付用户的航天装备是否满足用户使用需要。应根据评估目标,从航天装备使命任务出发,明确其试验评估的主要依据、具体目标、主要任务、具体要求等内容需求。航天装备试验评估需求是构建航天装备试验评估指标体系的基础。

10.2.2 试验评估指标体系构建

航天装备试验评估指标体系是航天装备试验与评估工作的基础,直接决定着试验内容和试验数据采集工作。其科学性和合理性直接影响航天装备试验评估结论,其应在试验准备阶段确定。关于试验评估指标体系构建的方法很多,包括基于关键应用问题树状分解的方法、基于系统能力要素分解的方法等。

1. 基于关键应用问题树状分解的方法

关键应用问题是评价装备运用、保障和其他能力必须回答的问题,来源于装备的使命任务(行动)。聚焦一个系统的能力,一般根据装备的分项能力、功能或运用过程分解,同时应分析影响装备使用效果的不利因素,针对每一个应用能力或效能关键点提出一个关键应用问题,通常用疑问句表示,如"系统在战斗环境中能在有效交战范围内成功探测到目标吗?""系统在战斗环境中能安全地使用吗?"所有的关键应用问题(包括关键效能问题和关键适用性问题),有些是一个关键应用问题对应一个效能指标或适用性指标,有些则是一个关键应用问题对应几个效能指标或适用性指标,但无论如何,关键应用问题包含被试航天装备系统的主要效能和适用性指标集。

基于关键应用问题设计指标主要采用树状分解技术。树状分解技术起源于还原论思想,其认为任何一个整体都可以看成是更低级部分的集合体,只要把最小组分即最基本的部分的性质弄清楚,整体的所有问题就迎刃而解了。由此强调,认识整体必须认识部分,弄清部分才可能把握整体,因而主张将整体分解成部分去研究。其基本步骤是:首先将研究对象从所在的环境中分离,相对孤立起来进行分析研究;其次将研究对象由整体分解为部分,并将抽象的高层次问题逐渐还原为具体的低层次问题,以树状结构描述研究对象的不同属性和状态,部分说明整体,低层次描述高层次。

采用树状分解技术,将关键应用问题以树状结构自顶向下逐层分解为效能指标(或适应性指标、体系贡献率指标)、性能指标和评估所需数据元。效能指标是指在规定条件下,系统完成任务有效程度的度量;性能指标是指在规定条件下,系统性能的定量或定性的度量,它是系统的行为属性;数据元是指在规定条件下的具体试验中可直接观察或测量得到的数值,它是系统行为属性的量化描述。关键应用问题树状分解过程如图 10-3 所示。

因此,基于关键应用问题树状分解的方法构建试验评估指标体系,主要包括两个步骤:①明确关键应用问题;②对关键应用问题树状分解,将其逐步分解为试验目标、效能指标、性能指标和数据需求。

2. 基于系统能力要素分解的方法

以使用效能指标构建为例,采用基于系统能力要素分解的方法构建指标体系。使用效能是指被试航天装备在规定条件下,完成预期任务的程度。对使用效能进行逐层分解,可分解成侦察预警、指控通信、快速机动、防护、综合保障 5 个能力要素。这些能力要素又各自包含多项或一组具体的性能指标。

侦察预警能力指标是在实际应用背景下,被试航天装备对空中威胁目标的搜索、探测、跟踪及获取相关空情信息等效果的度量。

指控通信能力指标是在实际应用背景下,被试航天装备依托信息通信设备进行数据处理、态势显示、辅助决策及行动控制等的度量。

快速机动能力指标是在实际应用背景下,被试航天装备单元为达成一定的目的,从某一地点快速转移到另一地点仍能保证完成其主要任务的行动能力的度量。

防护能力指标是在实际应用背景下,装备单元采用多种对抗手段和措施,降低对方破坏或干扰影响,保证自身正常运行的能力的度量。

综合保障能力指标是在实际应用背景下,为保持和恢复装备完好性,装备单元担负物资补给和技术抢修等能力的度量。

按照以上分解过程,可构建使用效能层次型指标体系。

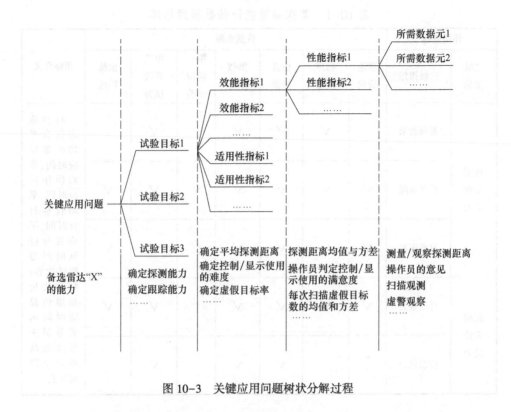

图 10-3 关键应用问题树状分解过程

10.2.3 试验评估数据需求及来源分析

确定评估数据需求是明确开展航天装备试验评估所需的底层数据来源，为下一步试验数据获取提供方向。对于第一阶段试验，评估数据主要来源于航天装备工程研制阶段开展的各项试验活动。而对于第二阶段和第三阶段试验，由于需要评估航天装备使用效能、适用性等，仅利用实装试验获得的数据难以满足评估需求。因此，航天装备试验评估的数据源应多元化，理论研究、物理模型试验、仿真推演、类似系统、性能试验、演练训练等都可为评估提供数据支持。

数据源矩阵是确定评估数据需求的一种有效规划工具。对于数据需求及来源分析，可采用数据源矩阵方法进行。数据源矩阵可以对评估项目和数据来源（或数据采集手段）做出规划和设计，确保评估项目有相应评估数据源的支持，同时还可以给出冗余或备份的数据源。某探测效能评估数据源矩阵如表10-1所示，其中"√"表示可能的数据来源。

表 10-1　某探测效能评估数据源矩阵

评估指标		数据来源							指标含义
二级指标	三级指标	理论研究	物理模型	仿真推演	类似系统	第一阶段试验	第二阶段试验	演练训练	
搜索发现能力	发现效果		√	√	√		√		行动效力包含平均决策反应时间、平均操作反应时间、平均转移目标时间、平均目标排队时间等测试内容；行动代价指单位反应时间内装备损失导致的战斗力下降的比值
	发现速度	√	√	√	√	√	√	√	
	发现距离	√	√	√	√				
跟踪定位能力	行动效力	√	√		√		√	√	
	行动代价			√			√		

10.2.4　试验评估数据收集和整理

在航天装备试验过程中,利用试验测试测量等多种手段和途径得到大量试验评估数据。因此,需要开展评估数据采集、汇总整理工作。

1. 数据采集

试验评估数据主要来源于航天装备试验。在试验过程中,应综合利用各种数据采集手段进行数据采集。数据采集方式主要包括自动数据采集和人工数据采集两种。

自动数据采集是通过仪器设备监视和记录试验现场所发生的事件。仪器可以直接安装在被试系统或者靶场上。由于空间限制,人员难以介入时,数据自动采集尤为重要。

人工数据采集的重点是观察和记录试验的状态和结果数据。其可以采用纸质或电子表格的方式。

2. 数据汇总整理

试验评估需要大量运用多种来源的数据。根据试验评估数据需求,分别汇总本次试验、前期试验、仿真计算、军事模拟演习等各类来源数据。同时,应对评估数据进行审核,确保各类来源数据的有效性。

10.2.5　试验评估数据分析和评估计算

在航天装备试验评估数据汇总整理之后,需要开展下列评估工作。

1. 数据预处理

在进行试验评估方法模型计算之前,通常需要对各类数据进行预处理。对定性数据,可以利用统计、专家打分、模糊数学等方法进行量化分析。对定量指标,则可依据指标类型,建立效用函数,实现数据的标准化、无量纲化和一致化。

2. 指标权重分析

相对于某种评估目标来说,评估指标之间的相对重要性是不同的。评估指标之间相对重要性的大小,可以用权重来表示。例如,对于侦察航天器发现概率和舒适程度这两个指标,发现概率重要性要大一些。

试验评估指标权重分析是试验评估工作的重要内容,直接影响评估结论的合理性。权重分析方法主要包括主观方法、客观方法、主客观集成赋权法三类。

3. 单项评估

在完成试验评估数据预处理和确定指标权重后,就可以开展评估解算,解算过程包括单项评估和综合评估,其实质是从底层指标逐级向上聚合的过程。

单项评估主要是针对某些单项效能或适用性指标的评估,如主战效能、响应效能、生存效能等单项效能指标,以及可靠性、安全性等单项适用性指标评估。

4. 综合评估

综合评估是将单项评估结果进行聚合,得到使用效能、适用性等综合评估结果。

10.2.6　提出试验评估结论

在试验评估结束阶段,主要开展分析试验评估结果,提出试验评估结论,并将其纳入航天装备试验报告。相关评估结论包括下列内容。

(1)试验结论。通过单项评估和综合评估,可以计算得到评估结果,对这些计算结果进行分析,分别给出航天装备的性能、使用效能、适用性等方面评估结论,为航天装备鉴定定型提供依据。

(2)航天装备改进建议。针对装备在整个试验过程中暴露的问题,分析问题并提出改进建议,包括问题描述、产生的原因、问题处理、改进建议。

(3)使用建议。对用户训练培训、使用和技术保障等方面的意见和建议,推动航天装备快速形成实际能力。

10.3 试验评估典型方法

关于试验评估的方法很多,常用方法包括解析法、统计法、仿真法、多属性评估方法等。解析法主要通过构建效能指标与给定条件之间的数学模型,计算得到评估结果,如 WSEIAC 提供的 ADC 模型,射击效能的兰切斯特方程等。其优点是易于理解,计算较简单,并且能够进行变量间关系的分析,便于应用;缺点是考虑因素少,只在严格限定的假设条件下有效,其数据也难以获取,且难以求解复杂对抗条件下的效能评估问题。

统计法的基本思想是利用数理统计方法对实战、演习、试验获得的大量统计资料进行分析计算,得到使用效能、适用性等指标评估结果。其基本方法包括抽样调查、参数估计、假设检验、回归分析、参数分析和相关分析等。统计法的优点是可应用于具有随机结果的任何问题,并能在必要的试验次数(样本量)下得到要求的精度;相对于其他方法,统计法的结果比较准确。其缺点是需要大量的实装试验为基础,在装备研制前无法实施,且耗费大,需要的时间长。

模拟仿真的方法克服了统计法的缺点,通过建立被评估装备的各种能力评估模型,可以对其在各种不同使用环境条件下进行反复计算和评估。对于航天装备,由于受样本量、试验环境等方面的限制,难以开展大量的实装试验,因此,仿真方法在航天装备试验评估领域有广阔的应用前景。常用的仿真评估方法包括蒙特卡罗(Monte Carlo)法、模拟法等。其优点是具有经济、简便、灵活、通用等特点,全面考虑影响实际使用过程的各种因素,如应用任务、对抗条件、交战对象,以及各种武器装备的协同作用、武器系统各种功能在使用过程中的运用、武器装备编配方式、战场环境影响等;缺点是准确逼真的仿真模型难以构建,仿真结果的有效性难以保证。

航天装备通常由多个子系统构成,具有系统庞大、结构复杂的特点。在其试验评估过程中,往往需要对多种指标、多个分系统开展综合性的评估。例如,对侦察航天器效能评估,需要评估发现—识别—跟踪单个目标概率、发现—识别—跟踪给定区域目标的平均数量、情报需求平均响应时间等。对于这类多属性、多层次的试验评估问题,可采用多属性评估方法进行评估计算。多属性评估方法是通过构建指标体系来全面描述评估对象,并进行综合评估的一系列方法的统称,通常包括数据预处理方法、权重分析方法、聚合方法等。在此重点介绍试验评估中的多属性评估方法。

10.3.1 评估指标数据预处理方法

在汇总各类原始数据后可以发现,各类评估指标数据具有不同的量纲。

160

如果直接进行评估,则会导致评估中出现"大数吃小数"的问题。同时,还存在评估指标数据类型不一致的问题,如有些指标数据越大越好,有些则越小越好,无法直接进行综合分析。因此,可以选择合理的方法,对指标进行预处理。下面介绍数据一致化和无量纲化预处理方法。

1. 评估指标数据的一致化

一般来说,在评价指标 $x_1, x_2, \cdots, x_m (m > 1)$ 中可能包含极大型指标、极小型指标、中间型指标和区间型指标。极大型指标:总是期望指标的取值越大越好;极小型指标:总是期望指标的取值越小越好;中间型指标:总是期望指标的取值既不要太大,也不要太小为好,即取适当的中间值为最好;区间型指标:总是期望指标的取值最好是落在某一个确定的区间内为最好。

(1) 极小型指标:对于某个极小型指标 x,则通过变换 $x' = \dfrac{1}{x}(x > 0)$,或变换 $x' = M - x$,其中 M 为指标 x 的可能取值的最大值,即可将指标 x 极大化。

(2) 中间型指标:对于某个中间型指标 x,则通过变换

$$x' = \begin{cases} \dfrac{2(x - m)}{M - m}, & m \leqslant x \leqslant \dfrac{1}{2}(M + m) \\[2mm] \dfrac{2(M - x)}{M - m}, & \dfrac{1}{2}(M + m) \leqslant x \leqslant M \end{cases}$$

式中:M 和 m 分别为指标 x 的可能取值的最大值和最小值,即可将中间型指标 x 极大化。

(3) 区间型指标:对于某个区间型指标 x,则通过变换

$$x' = \begin{cases} 1 - \dfrac{a - x}{c}, & x < a \\[2mm] 1, & a \leqslant x \leqslant b \\[2mm] 1 - \dfrac{x - b}{c}, & x > b \end{cases}$$

式中:$[a, b]$ 为指标 x 的最佳稳定的区间;$c = \max\{a - m, M - b\}$,M 和 m 分别为指标 x 的可能取值的最大值和最小值。即可将区间型指标 x 极大化。

2. 评估指标数据的无量纲化

在实际的评估指标 $x_1, x_2, \cdots, x_m (m > 1)$ 之间,往往存在各自不同的单位和数量级,使得这些指标之间具有不可公度性,这就给综合评价带来了困难。

如果不对这些指标做相应的无量纲处理,则在综合评估过程中就会出现"大数吃小数"的错误结果,从而导致最后得到错误的评估结论。

无量纲化处理又称为指标数据的标准化,或规范化处理。常用的方法包括标准差法、极值差法和功效系数法等。

假设 m 个评价指标 $x_1,x_2,\cdots,x_m$ 已经进行了类型的一致化处理,并都有 n 组样本观测值 $x_{ij}(i=1,2,\cdots,n;j=1,2,\cdots,m)$,则将其做无量纲化处理。

(1)标准差方法:令 $x_{ij}' = \dfrac{x_{ij}-\bar{x}_j}{s_j}$ $(i=1,2,\cdots,n;j=1,2,\cdots,m)$,其中,$\bar{x}_j = \dfrac{1}{n}\sum_{i=1}^{n}x_{ij}$,$s_j = \left[\dfrac{1}{n}\sum_{i=1}^{n}(x_{ij}-\bar{x}_j)^2\right]^{\frac{1}{2}}$ $(j=1,2,\cdots,m)$。显然指标 $x_{ij}'(i=1,2,\cdots,n;j=1,2,\cdots,m)$ 的均值和均方差分别为 0 和 1,即 $x_{ij}' \in [0,1]$ 是无量纲的指标,称为 x_{ij} 的标准观测值。

(2)极值差方法:令 $x_{ij}' = \dfrac{x_{ij}-m_j}{M_j-m_j}$ $(i=1,2,\cdots,n;j=1,2,\cdots,m)$,其中 $M_j = \max_{1 \le i \le n}\{x_{ij}\}$,$m_j = \min_{1 \le i \le n}\{x_{ij}\}$ $(j=1,2,\cdots,m)$。则 $x_{ij}' \in [0,1]$ 是无量纲的指标观测值。

(3)功效系数法:令 $x_{ij}' = c + \dfrac{x_{ij}-m_j}{M_j-m_j} \times d(i=1,2,\cdots,n;j=1,2,\cdots,m)$,其中 c,d 均为确定的常数。c 表示"平移量",d 表示"旋转量",即表示"放大"或"缩小"倍数,则 $x_{ij}' \in [c,c+d]$。

10.3.2 评估指标权重分析方法

相对于某种评估目标来说,评估指标之间的相对重要性是不同的。评估指标之间相对重要性的大小,可以用权重来表示。目前,权重分析方法主要包括以下几种。

(1)主观方法。其主要基于决策者的经验或偏好,通过对各属性进行比较而赋权的方法,如 Delphi 法、层次分析法等。

(2)客观方法。主要基于各属性(指标)的客观数据而确定的方法,如熵权法、主成分分析法、拉开档次法、均方差法等。

(3)主客观集成赋权法。该方法兼顾主观方法和客观方法的优点,并将两种方法有机集成。

目前试验评估中比较常用的权重分析法是层次分析法。1971 年,Satty 提出层次分析法,该方法模仿人的决策思维过程,建立一种综合定性、定量相结合的分析方法,主要解决多因素复杂系统,特别是难以定量描述的系统的分析方法。在综合评估中,层次分析法常用于指标权重的确定。

航天装备通常为一个复杂系统,其评估指标相对较多,指标之间的影响和级联关系也较为复杂,使得系统中大量的因素无法准确地通过定量表示。因此,可用层次分析法描述评估指标之间的关系,以及各指标对使用效能、适用性等指标的重要程度,从而确定各评估指标的权重。

层次分析法确定指标权重的基本步骤,如图10-4所示。

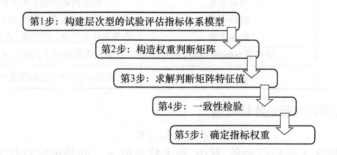

第1步: 构建层次型的试验评估指标体系模型

第2步: 构造权重判断矩阵

第3步: 求解判断矩阵特征值

第4步: 一致性检验

第5步: 确定指标权重

图10-4 层次分析法基本步骤

第1步:构建层次型的试验评估指标体系模型。

首先要把评估问题层次化,构造一个层次分析结构模型。对于试验评估来说,就是构建一个层次化的试验评估指标体系模型。评估者要全面深入分析试验评估对象,综合各种因素建立试验评估指标体系模型。图10-5给出了某通信卫星系统运用能力评估指标体系模型。

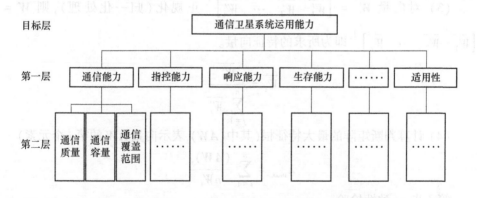

图10-5 某通信卫星系统运用能力评估指标体系结构模型

第2步:构造权重判断矩阵。

根据评估指标两两比较标度的含义,通过两两比较判断的方式,确定每个层次中各因素的相对重要性,并用定量的方法表示(指标权重标度(表10-2)),进而建立权重判断矩阵。

表 10-2　层次分析法两两比较标度表

相对重要性	定义	注释
1	同等重要	因素 i 和因素 j 同等重要
3	稍微重要	经验判断因素 i 比因素 j 稍微重要
5	明显重要	经验判断因素 i 比因素 j 重要
7	强烈重要	深感因素 i 比因素 j 重要,并已被实践证实
9	极端重要	强烈地感到因素 i 较因素 j 占绝对主导地位
2,4,6,8	上述相邻判断的中间状态	表示需要在两个判断之间取折中值
倒数	$a_{ij} = 1/a_{ji}$	因素 i 与因素 j 比较所得到的判断值

第 3 步:求解判断矩阵特征值。

$$Aw = \lambda_{\max} \boldsymbol{w}$$

求判断矩阵 A 的特征向量,其中,最大特征值 $\lambda_{\max}$ 的特征向量作为权向量 $\boldsymbol{w}$。计算权向量 $\boldsymbol{w}$ 有方根法与和积法两种简化的计算方法。方根法的步骤如下所述。

(1) 计算判断矩阵每一行元素的乘积 M_i。

$$M_i = \prod_{j=1}^{n} a_{ij}$$

(2) 计算 M_i 的 n 次方根。

$$\overline{W_i'} = \sqrt[n]{M_i}$$

(3) 对向量 $\overline{W'} = \begin{bmatrix} \overline{W_1'} & \overline{W_2'} & \cdots & \overline{W_n'} \end{bmatrix}^{\mathrm{T}}$ 正规化(归一化处理),则 $\overline{W} = \begin{bmatrix} \overline{W_1} & \overline{W_2} & \cdots & \overline{W_n} \end{bmatrix}^{\mathrm{T}}$ 即为所求的特征向量。

$$\overline{W_i} = \frac{\overline{W_i'}}{\sum_{j=1}^{n} \overline{W_j'}}$$

(4) 计算判断矩阵的最大特征根(其中 $(AW)_i$ 表示向量 AW 的第 i 个元素)

$$\lambda_{\max} = \sum_{i=1}^{n} \frac{(AW)_i}{nW_i}$$

第 4 步:一致性检验。

$$CI = \frac{\lambda - n}{n - 1}$$

CI 越大,不一致越严重。显然,随着 n 的增加判断误差就会增加,因此,判断一致性时应当考虑 n 的影响,使用随机性一致性比值,即

$$CR = \frac{CI}{RI}$$

164

式中:RI 为平均随机一致性指标。Saaty 关于 RI 的结果如下:

n	1	2	3	4	5	6	7	8	9	10
RI	0.00	0.00	0.58	0.90	1.12	1.24	1.32	1.41	1.45	1.49

当 CR<0.1 时,判断矩阵的一致性是可以接受的。否则不接受,重新构造判断矩阵。

第 5 步:确定指标权重。

在通过一致性检验后,即可确定指标权重,最大特征值 λ_{max} 的特征向量作为权向量 w ,即为指标权重。

10.3.3　评估指标聚合方法

在构建试验评估指标体系模型和确定各层级指标权重后,需要开展综合评估得到最终的评估结果。综合评估是运用一系列科学方法,将各单项指标评估结果进行聚合,得到使用效能、适用性等评估目标的结果的过程。通常,试验评估计算方法流程如图 10-6 所示。

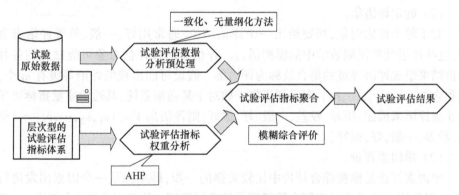

图 10-6　试验评估计算方法流程

本节介绍一种常见的航天装备综合评估方法——模糊综合评价方法。在试验评估中,有很多指标难以定量描述,特别是适用性指标,存在大量难以直接描述的定性指标,如人机交互友好程度、装备使用舒适程度等指标。对于这些指标不能简单地以好或者不好来评价,需要采用"非常好、很好、一般、很差"等不同等级模糊语言来表示。不同评价等级之间的界限往往是模糊的,不能清晰界定,基于试验统计等经典的评估方法难以对其求解。模糊综合评价方法为求解这类问题提供了一种较好的途径。

模糊综合评价是建立在模糊集合基础上,运用模糊数学原理对受多种因素影响的事物做出比较全面、客观评价的一种决策方法,也是一种以模糊推理为主的定性与定量相结合、精确与非精确相统一的分析评价方法。它能够较好地解决定性指标分析评估问题。

模糊综合评价方法的基本思想是建立隶属函数,应用模糊关系合成原理,从多个因素对评估对象的隶属等级状况进行综合评估。其处理过程更接近于人类大脑解决实际问题的思维过程,能较好地反映客观效果,具有较高的实际应用价值。

模糊综合评价计算步骤主要包括以下内容。

(1)确定评估的因素集。

评估一个对象通常需要从多个因素或者多个指标进行,这些因素或指标构成的集合就是因素集。在试验评估中,所有的评估指标就构成了因素集。假定评价对象有 n 个因素,用集合 U 表示,$U = \{u_1, u_2, \cdots, u_n\}$ 分别对应这 n 个评价因素。

对于 $u_1, u_2, \cdots, u_n$,称为第一级评价因素。在实际评估过程中,每个评价因素可能又有下一级评价因素或下两级评价因素。对于评价因素集只有一级的模糊综合评价问题,称为一级模糊综合评价;对于评价因素集有多级的,称为多级模糊综合评价。下面主要介绍一级模糊综合评价,多级模糊综合评价计算过程和一级模糊综合评价类似。

(2)确定评语集。

对于每个评估对象,都要给出一个评估结论,通常用好、一般、差等评语来表示,这些评语就是模糊数学中的模糊语言。评估者对被评估对象可能做出的各种评价结果组成评语等级的集合就称为评语集。假设可能出现的评语等级有 m 个,用集合 $V = \{v_1, v_2, \cdots, v_m\}$ 表示评语集。如对于某通信系统,其通信质量指标可采用 5 级评语来描述:很差、较差、一般、好、很好,则评语集 $V = \{v_1, v_2, \cdots, v_5\} = \{$很差,较差,一般,好,很好$\}$。

(3)单因素评价。

单因素评价是模糊综合评价中比较关键的一步,即单独从一个因素出发进行评价,以确定该因素相对于每个等级评语的隶属程度。比如对于第 i 个因素 u_i,相对评语集中第 1 到第 m 个评语的隶属度分别为 $r_{i1}, r_{i2}, \cdots, r_{im}$,则可得到该因素的评价集 $\boldsymbol{r}_i$,通常用向量表示为 $\boldsymbol{r}_i = (r_{i1}, r_{i2}, \cdots, r_{im})$。

(4)构造综合评价矩阵。

对每个因素进行单因素评价,可以得到其对应的单因素评价向量。以所有的单因素评价向量为行向量,就可以构成一个 $n \times m$ 的矩阵 $\boldsymbol{R}$,称为综合评价矩阵,即

$$\boldsymbol{R} = \begin{pmatrix} r_{11} & r_{12} & \cdots & r_{1n} \\ r_{21} & r_{22} & \cdots & r_{2n} \\ \vdots & \vdots & \ddots & \vdots \\ r_{m1} & r_{m2} & \cdots & r_{mn} \end{pmatrix}$$

对于综合评价矩阵 $\boldsymbol{R}$，行对应于各个因素，列对应于评语。其中，元素 r_{ij} 表示第 i 个因素相对于第 j 个评语的隶属度。

（5）综合评价。

在构建评价矩阵后，需要进行聚合计算，得到评估结果。在聚合计算过程中，需要考虑各因素的重要程度，即各因素的权重。假定因素集对应权重向量为 $\boldsymbol{A}=(a_1,a_2,\cdots,a_m)$，则综合评估结果 $\boldsymbol{B}$ 为权重向量 $\boldsymbol{A}$ 与综合评价矩阵 $\boldsymbol{R}$ 的合成，即

$$\boldsymbol{B}=\boldsymbol{A}\cdot\boldsymbol{R}=(a_1,a_2,\cdots,a_m)\cdot\begin{pmatrix} r_{11} & r_{12} & \cdots & r_{1n} \\ r_{21} & r_{22} & \cdots & r_{2n} \\ \vdots & \vdots & \ddots & \vdots \\ r_{m1} & r_{m2} & \cdots & r_{mn} \end{pmatrix}=(b_1,b_2,\cdots,b_n)$$

按照矩阵的计算法则，$\boldsymbol{B}$ 是一个 $1\times n$ 的向量，其元素 b_j 表示评估对象整体相对于评语集 v_j 的隶属程度。

关于合成算子"·"，可采用主因素决定型算子 $M(\wedge,\vee)$，其计算公式为 $b_j=\vee\{a_i\wedge r_{ij},1\leqslant i\leqslant n\}$，$(j=1,2,\cdots,m)$。即先将权重 a_i 与 r_{ij} 取小运算，然后将所得的值取大运算。经过综合评价，得到最终评估计算结果。

第11章 美军航天装备试验解析

长期以来,美军高度重视发展航天装备及其应用,始终处于世界领先的地位。同时,将航天装备的试验与鉴定统一纳入国防采办系统中,积极开展探索研究和实践。与传统武器装备相比,美军航天装备试验与鉴定具有试验子样少、成本高、环境限制性强、技术复杂等特点,对其试验鉴定策略和方法的构建提出了极大挑战。美军在探索航天装备试验与鉴定略、程序方法的过程中投入了大量人力、物力和时间成本,经过多年的实践,形成了适用于自身航天装备的试验与鉴定体系。

11.1 试验发展历程

美国国防部在其相关文件中明确了军队的航天装备(DoD space systems)主要包括:

(1) 航天器。

(2) 地面系统(指挥控制系统、发射指挥控制系统、数据处理站、航天监测站)。

(3) 运载器系统(推进器、上面级、有效载荷处理设备,航天发射设备,地面支持装备)。

(4) 用户终端装备(手持终端,数据接收终端,用户终端)。

针对美军航天装备的特点和现状,其试验与鉴定发展历程可划分为初步建立阶段(20世纪90年代)、一体优化阶段(2000—2008年)、持续推进阶段(2009—2019年)和建军重塑阶段(2020年至今)。

11.1.1 初步建立阶段

20世纪90年代初期,美国空军在常规武器装备试验与鉴定方法的基础上,由空军总部试验与鉴定局先后发布了AFPD 99-1、AFI 99-103、AFMAN 99-113等一系列政策和指令,建立了航天装备的试验与鉴定法规,以及主要由空军总部、航天司令部、空间作战试验与鉴定中心、相关的发射场和试验场等多方参与的组织管理系统,并通过试验资源整合和建立航天装备试验相关标准,初步建立了航天装备试验与鉴定程序和方法,具备了一定的航天装备试验与鉴定能力。

这一时期,美军航天装备试验与鉴定采用研制试验与鉴定和作战试验与鉴定独立开展的策略,并重点强调航天装备发射前的地面研制试验与鉴定,为航天装备采办决策提供支撑。20世纪90年代中后期,美国国防采办系统经历重大改革,航天装备采办面临经费大幅缩减、周期大幅缩短的严峻形势。美国空军主要采取了增加项目承包商试验责任的对策。航天装备研制试验与鉴定一般由承包商独立完成,而军队项目办公室严重缺乏对航天装备性能指标、效能的考核能力,逐渐失去了对航天装备研制生产的主导控制作用,导致出现了大量的装备研制质量下降和作战能力欠缺等问题。

11.1.2 一体优化阶段

进入21世纪,为了进一步控制航天装备采办项目的风险,提升研制质量和作战能力,同时又能最大限度地节约成本,美国空军优化了航天装备试验与鉴定组织管理系统,针对重大专项持续开展了试验资源专项建设,更新了试验与鉴定政策和指令,在实践中对航天装备试验与鉴定方法进行优化。这一时期的标志性成果体现在建立具体项目的一体化试验组(integrated test team,ITT),以及采取研制与作战一体化试验的策略。调整优化后的航天装备试验与鉴定,强化了军队用户和项目办公室对其的掌控力度。

在航天装备试验与鉴定过程中依然存在诸多问题,主要体现在作战试验与鉴定未能发挥出应有的价值。航天装备作战试验与鉴定一直以来都是在系统发射后才开展,其中暴露的缺陷在航天装备在轨运行中往往难以修正,同时作战试验数据和评估结果对采办程序的关键决策支撑力度弱,从而很难达到降低采办风险的目的。

因此,美国空军作战试验与鉴定中心基于当时的航天装备采办程序和试验与鉴定程序,于2004年后开始开发新的作战试验与鉴定模式,称为航天试验提案(space test initiative,STI)。STI的3个关键原则如下所述。

(1)研制与作战一体化试验在采办过程中尽早开展,且贯穿装备全寿命周期。

(2)基于试验数据形成快速分析报告,支撑装备采办的关键决策,以提高工作效率。

(3)由关注本系统的试验转变为关注大系统环境下的系统试验或结合大系统试验开展试验,提升作战试验与鉴定结果对关键决策的价值。

STI在很大程度上解决了上述作战试验与鉴定对采办决策支撑力度弱的问题,同时又极大地减少了试样数量而节约了各项成本。2008年6月,空军作战试验与鉴定中心组织召开了空间项目峰会,对STI进行了研讨,以求建立新的航天装备试验与鉴定机制。2008年后,美军各相关方对STI达成一致,并逐步推进STI的应用。

11.1.3 持续推进阶段

2009 年,STI 替代 NSS 03-01《国家安全空间采办政策》成为现行的美军航天装备试验与鉴定政策。它将研制与作战一体化试验与鉴定的理念真正植入航天装备采办程序中,通过赋予 ITT 极大的责任和权力开展项目定制化的试验与鉴定。同时,美军逐渐将航天装备试验与鉴定的目的由"为采办决策设置标准门槛"转变为"为降低采办风险"。通过试验与鉴定顶层目标的转变和一系列措施,扭转了长期以来装备研制部门与试验机构相互"对立"的态势,促进了研制、试验双方的协作和资源、数据共享,使双方聚焦于"如何改进"而不是"是否达到门槛要求"。

美军推进研制与作战一体化试验策略的主要方法包括以下几方面。

(1) 在采办初期阶段由军队系统项目办组建一体化试验组。

该试验组由项目办、用户、作战试验与鉴定机构、承包商、试验保障机构、试验与鉴定客户咨询办公室(SFTC)等部门或机构的项目负责人组成,负责为项目的全过程制定并管理一体化试验与鉴定策略(ITS)和试验与鉴定主计划(TEMP),协助处理试验与鉴定中出现的问题,指导确定一体化试验计划。

(2) 在试验与鉴定主计划中建立一体化试验计划并开展综合试验。

在制定试验与鉴定主计划时,要确定一体化试验计划。在一体化试验计划中,要全面考虑所有试验机构的试验要求,采用基于任务的试验设计方法,对一体化试验的项目安排、相关活动、所有参与机构及管理职责做出明确规定。

基于任务的试验设计流程和方法分为三步:第一步是进行任务分析,主要工作是确定任务、针对任务确定关键作战准则、将任务分解成子任务及建立试验环境等。第二步是根据任务要求分别制定研制试验与鉴定计划和作战试验与鉴定计划。第三步是综合分析研制试验与鉴定和作战试验与鉴定的任务要求,确定可以结合进行的试验项目,制定可共同试验的一体化试验计划。对于不能结合进行的试验项目,还要制定专门的作战试验与鉴定计划。采取这种方法,可以加强使用、研制、试验部门之间的充分协作,在研制试验与鉴定中纳入作战观点,减少专门进行作战试验与鉴定的试验项目,从而避免不必要的重复,缩短试验周期,节约试验成本,提高试验效率。

(3) 建立试验数据共享数据库框架,实现各试验机构和承包商间的全部试验数据共享。

当前的研制与作战一体化试验策略意味着研制试验与鉴定、作战试验与鉴定两个责任方的统一试验目标、统一试验计划和共享试验数据,大幅削减了重复性的试验,节约了成本。

以航天装备试验与鉴定政策为策略的方法,已推广应用于航天装备采办项目,并在不同程度上获得了成效。如在成本节约方面,天基红外系统(SBIRS)通过在采办早期阶段采用研制与作战一体化试验和快速分析报告等方法,转阶段决策比预计进度提前了约 60 天,大大提高了航天装备研制和试验的效益。

11.1.4 建军重塑阶段

2019 年 8 月 29 日,美国正式宣布成立太空司令部,其成为美军第 11 个联合作战司令部,接管战略司令部太空作战的相关职能。作为美军承担太空联合作战的太空司令部,主要负责领导太空作战力量,组织实施太空作战行动,履行太空作战指挥权,保证太空行动的自由,整合太空联合部队,强化太空作战能力。

2019 年 12 月 20 日,美国总统特朗普签署《2020 财年国防授权法案》,标志着美军已正式开始组建第六大军种——太空军。在组织管理体系上,太空军仍由空军部长管辖。太空军的第一个太空作战司令部(SpOC)成立于 2020 年 10 月,负责国家军事航天器的使用和运行。

据相关报道,美国太空军于 2021 年 8 月 13 日,以空军太空与导弹系统中心为基础成立了太空系统司令部。新成立的太空系统司令部总部位于洛杉矶空军基地,负责开发、采办、列装和维持太空系统能力,以及太空系统的试验与鉴定。2021 年 8 月 23 日,太空军又启动成立了第三个司令部——太空训练与战备司令部(STARCOM),该司令部负责太空军现役军人和文职人员条令制定、训练和专业教学工作,并协调基础训练和征兵工作。

随着美国太空军的建立和不断发展,美军航天装备试验与鉴定工作将在政策制度、运行机制、试验机构等方面不断进行调整优化,以满足美国太空力量的发展需求。

11.2 试验管理组织体系

长期以来,美国逐步建立了先进的国防采办系统模型。试验与鉴定作为一种有效的国防采办风险管理工具,在国防采办系统中发挥着"降低采办风险、支撑采办决策"的作用。同时,美军建立了较为完善的试验与鉴定管理体制和灵活的运行机制,既保证了全军顶层监管,又有效促进了具体组织实施,以保证试验与鉴定工作持续、规范、高效运行。

美军的装备试验与鉴定管理实行国防部集中统管、军种分散实施的模式。美军装备试验与鉴定管理组织体系如图 11-1 所示。

美国国防部全面统管美军的装备试验与鉴定工作。2018 年 2 月美国国防采

172

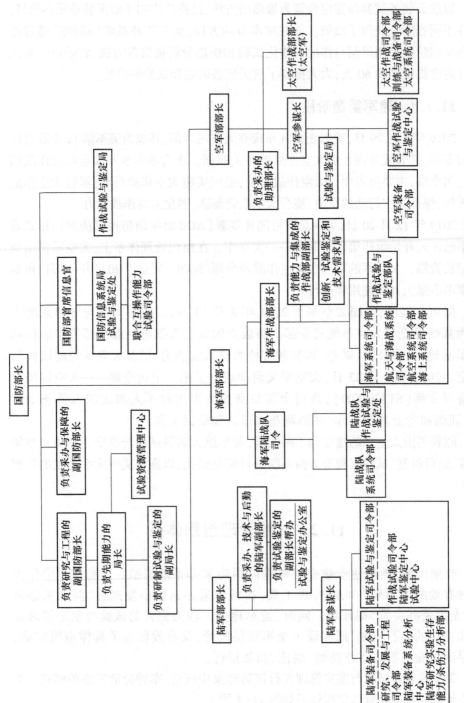

图 11-1 美军装备试验与鉴定管理组织体系示意图

办政策改革以后,国防部决定将采办、技术与后勤副部长职位拆分为研究与工程副部长(USD(R&E))、采办与保障副部长(USD(A&S))两个职位。美国国防部的试验与鉴定机构主要包括作战试验与鉴定局、研究与工程副部长办公室(内含试验资源管理中心)两个机构,分别负责制定政策、审查计划及预算、监督试验任务、统一规划和管理试验资源,各司其职地对美军试验与鉴定工作进行统一管理。其中,作战试验与鉴定局负责制定作战试验与鉴定政策,监管并指导各军种作战试验和实弹射击试验工作,审查各军种作战试验与鉴定报告,组织指导重大武器系统的作战试验与鉴定;研究与工程副部长办公室下设的先期能力局负责制定研制试验与鉴定政策,监督并指导研制试验与鉴定活动,组织重点领域的研制试验与鉴定工作;研究与工程副部长办公室下设的试验资源管理中心负责统筹国防部试验与鉴定资源的建设和运用等工作。

各军种负责本军种装备试验与鉴定管理工作,组织实施本军种装备试验与鉴定的具体项目。陆军、空军、海军和海军陆战队分别建立了各自的试验与鉴定管理机构和试验单位,负责所属靶场的建设、管理和使用,计划、审批、监督和实施所属装备的试验与鉴定活动。

美国空军负责航天装备的采办和大部分试验与鉴定工作的具体实施。按照计划,太空军新成立的太空系统司令部将负责航天装备试验与鉴定的具体组织实施。

11.3　一体化试验工作过程

美国国防部《国防采办系统》DoDI 5000.1号指令、《国防采办系统运行》DoDI 5000.2号指示等系列文件,空军 AFI 10-1202《空间试验项目管理》、AFPD 99-1《试验鉴定程序》、AFI 99-103《基于能力的试验鉴定》、AFMAN 99-113《空间系统试验鉴定程序》等系列文件都明确,美军将研制试验与鉴定和作战试验与鉴定贯穿航天装备采办的全寿命周期。

美军航天装备采办程序划分为以下五个阶段:①里程碑 A 前的概念研究阶段;②概念开发阶段;③初步设计阶段;④完成设计阶段;⑤制造与使用阶段。其中,关键决策点包括里程碑 A、B、C 及建造批准、出厂决策、发射决策等,如图 11-2所示。

11.3.1　概念研究阶段试验与鉴定工作

在里程碑 A 前的概念研究阶段((Concept Research Phase)Pre-Key Decision Point A)组建一体化试验小组,并制定早期介入策略。ITT 开展以下工作:参与航天系统备选方案分析和行动路线的制定,提出备选方案评估标准、作战效能和适用性的衡量方法,以及每个备选方案可能面临的作战问题;综合考虑研制试验目标和

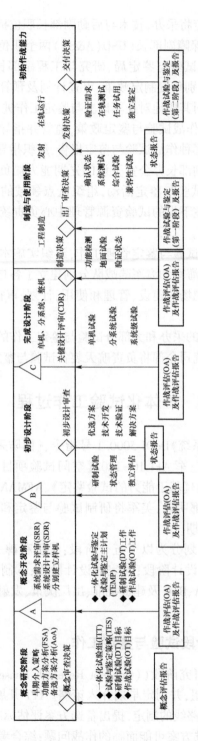

图 11-2 美军航天装备采办程序阶段示意图

174

作战试验目标,制定试验鉴定策略;开展作战评估(operational assessment,OA)并编制 OA 报告。OA 客观提供每种备选方案可能的作战效能和适用性、与任务需求间的差异、所需试验项目。OA 报告直接支撑里程碑 A 决策。

11.3.2 概念开发阶段试验与鉴定工作

在里程碑 A 后至里程碑 B 的概念开发阶段(concept development phase),随着采办概念完善、航天系统技术与功能能力逐渐成熟,ITT 开展以下工作:进一步完善试验鉴定策略,并建立一体化试验计划(Integrated Test Plan,ITP);开展综合试验评估,以评估潜在的作战效能、适用性和满足任务需求的程度,提出其他作战中可能遇到的问题,并编制状态报告(status report);制定包括 ITP 在内的试验与鉴定主计划。作战试验机构开展早期作战评估并编制早期作战评估(EOA)报告,此报告直接支撑里程碑 B 决策。

11.3.3 初步设计阶段试验与鉴定工作

在初步设计阶段(preliminary design phase),随着航天系统一系列的设计评审和技术验证不断完善,ITT 开展下列工作:完善 ITP 并更新 TEMP 和初始作战试验鉴定(IOT&E)计划,提出实验室试验或热真空试验等传统研制试验完成作战试验目标的要求或方法。在此期间,作战试验机构开展作战评估,以评估航天系统潜在的作战效能、适用性和满足任务需求的程度,提出其他作战中可能遇到的问题,并形成 OA 报告。OA 报告直接支撑里程碑 C 决策。

11.3.4 完成设计阶段试验与鉴定工作

在完成设计阶段(complete design phase),随着航天系统设计完善,ITT 组织实施一系列以降低航天系统风险为目的的试验,包括单机试验、分系统试验、系统级试验等活动。作战试验机构开展 OA,并形成 OA 报告。OA 报告直接支撑建造批准决策。

11.3.5 制造与使用阶段试验与鉴定工作

建造批准后,进入制造与使用阶段(production & operation phase),采办系统开始制造最终的航天系统,并展开一系列试验与检验活动。随后航天系统转入作战试验与鉴定第 I 阶段(OT&E Phase I)。在 OT&E Phase I 中,ITT 参与所有试验,最大限度地掌握研制试验工作和信息,为满足作战试验鉴定目标收集试验信息,编制状态报告,明确研制方制造的航天系统是否满足规范要求,同时向作战相关部门反馈航天系统是否满足作战要求。

研制试验机构与作战试验机构分别撰写独立的状态报告,向研发人员和最终用户通报航天系统的生产进展情况;在获得项目执行官批准和试验准备评审(test readiness review,TRR)后,将航天系统置于在地面可重复的模拟作战环境中进行作战试验与鉴定,并编制 OT&E Phase Ⅰ 报告,直接支撑出厂决策(consent to ship decision)。OT&E Phase Ⅰ 综合考虑了各种试验结果和航天系统在实际作战架构中的状态。例如,OT&E Phase Ⅰ 报告中强调航天器已完成了发射准备,但地面段在两年内无法完成建造,所以建议推迟发射。

在出厂决策后,航天系统运输至发射场后加注,开始最终的集成与兼容性试验。通过综合试验,最大限度地利用研制试验工作和信息以满足作战试验与鉴定的目标,解决航天系统与其他大系统兼容性试验过程识别的技术问题。最后编制状态报告,并直接支撑做出发射决策。

航天系统经过发射和在轨测试后,在项目执行官批准后,将进入作战试验与鉴定第Ⅱ阶段(OT&E Phase Ⅱ)。一体化试验小组最大限度引入作战真实场景、背景与规程。作战试验与鉴定第Ⅱ阶段将在实际的太空环境中验证整个航天系统的性能,与早期一体化试验结果进行比较,并确认整个航天系统的作战能力。空军作战试验与鉴定中心(AFOTEC)在用户作战演练阶段结合开展 OT&E Phase Ⅱ,以保证为作战人员提供完成任务的能力。完成 OT&E Phase Ⅱ 和用户作战演练阶段时,空军作战试验与鉴定中心根据 OT&E Phase Ⅱ 得出的试验结果,对作战试验最后阶段发现的所有致命的隐藏问题进行确认。然后,空军作战试验与鉴定中心对这些数据进行分析,并撰写包含由最终用户使用后提供的综合报告,作为对演练阶段完成和作战用户接收的决策。

AFOTEC 发布最终的作战试验与鉴定报告,向国防部作战试验与鉴定局(DOT&E)提供全部试验分析与结果的详细内容,以支撑 DOT&E 向国会提交的初始作战能力决策和未来航天系统升级决策。

11.4 主要经验做法

美军在航天装备试验与鉴定的发展中探索并积累了大量的先进经验,涉及国家军队政策、试验理念、制度机制、技术方法等多个层次和方面,这些经验做法值得借鉴。

11.4.1 将试验与鉴定植入航天装备采办程序是美军采办成功的有力支撑

美军航天装备采办程序在 DoDI 5000.02 规定的装备采办程序的基础上,根据航天装备的研制生产、试验和应用特点做出了一定调整,试验鉴定则作为采办程序中支撑每个里程碑和决策点的工具。在宏观层面,美军航天装备试验与鉴定直接植入航天装备采办程序,支撑采办决策。在微观层面,航天装备试验与鉴定采用一套"计划—预测—试验—对比"理论,针对具体的航天装备采办决策点而进行迭代活动。

美军航天装备试验与鉴定工作明确列入了航天装备采办程序,直接支撑采办里程碑决策、其他关键决策,以及采办中其他相关工作。由航天装备的系统项目办/或作战试验与鉴定机构直接将试验与鉴定结果递交至采办决策者(具体的采办决策者视采办的类别、等级而定,可能是国防部采办执行官或空军采办执行官),由决策者做出是否进入下一采办阶段的决策。在采办过程中的不同阶段,除了在关键决策点提供正式的试验与鉴定报告以外,系统项目办、ITT 或作战试验与鉴定机构需要提交数份各类报告,以支撑采办工作,如能力开发文件(CDD)的制定与更新、系统规范的制定、各阶段样机的详细设计等。

11.4.2　将航天装备试验与鉴定重心逐步转变为降低采办风险

美军航天装备试验与鉴定的主要目的是与军方项目办和承包商共同努力降低系统采办中的各类风险。通过试验来考核系统的功能性能与作战效能等指标、设置采办转阶段的准入门槛等做法,并非试验与鉴定的最终目的而仅仅是手段。美军经过多年来的实践发现,采办过程中的试验与鉴定虽然可以严格地控制装备的研制质量,但对于已经研制完成的产品来说,"事后"才开展试验与鉴定的策略往往是灾难性的。在某些项目的试验鉴定中暴露的问题,往往需要设计更改,但由于系统已完成研制工作,设计更改在成本预算的限制下是无法开展的。因此,美军将试验与鉴定工作整体前移,特别是对于航天装备的作战试验与鉴定。目前,航天装备试验与鉴定将大部分的作战试验与研制试验结合至采办早期阶段,并模糊了"研制"和"作战"的概念开展综合试验,将试验与鉴定聚焦于如何帮助军方降低项目采办风险,提早解决航天装备设计问题。

11.4.3　实行项目管理模式,提高了航天装备试验与鉴定工作效率

美军航天装备试验与鉴定具有严密的组织管理体系。除执行美国国防部试验与鉴定政策外,美军航天装备试验与鉴定具体工作以航天装备系统项目办为中心,用户、空军司令部及下属各部门、国防部组织体系外的企业和机构等多方配合的模式开展。系统项目办根据航天系统研制与应用特点,主导构建综合试验组、确定本系统的试验与鉴定策略、选定特定的试验资源等,执行项目管理模式。

在美军装备试验与鉴定严密的组织管理体系基础上,专门建立了客户咨询办公室(SFTC),以支撑航天装备系统试验与鉴定项目。位于洛杉矶的航天装备客户咨询办公室是独立于项目的专业机构,具有丰富的试验与鉴定经验,掌握美军可用的全球试验资源,其"客户"是军方项目办。SFTC 协助项目办贯彻执行航天装备

的试验与鉴定政策、理念和程序,协助提出针对具体项目的试验与鉴定方案,协助选定研制试验责任机构,统筹并提供可用的试验资源和能力等,极大地提高了试验与鉴定的成功率和效率。

11.4.4 贯彻独立的作战试验与鉴定理念,增强了航天装备采办的有效性

美军始终高度重视航天装备作战试验与鉴定工作。美国的试验与鉴定有关法规标准明确了军队在航天装备作战试验与鉴定工作中的独立性、权威性。美军航天装备作战试验与鉴定工作是由军队主导组织实施,独立形成作战评估报告。美军设立了专门的作战试验机构。美国国防部设立了作战试验与鉴定局,该局负责全军的作战试验与鉴定管理工作,并直接向国防部长报告工作。美国空军作战试验与鉴定中心(AFOTEC)独立组织实施空军航天装备作战试验与鉴定工作,并提交航天装备作战评估报告。AFOTEC 的主要职责是参与制定 TEMP 和一体化试验计划、独立组织开展作战试验与鉴定,并直接向项目采办决策者负责。独立开展作战试验与鉴定,有利于更公平、更客观地评估航天装备的作战效能、适用性和生存性,有利于高效统筹并行的多个装备作战试验工作,还有利于统一更新作战试验与鉴定理念和方法。

11.4.5 采用研制与作战一体化试验策略,达到了降低风险、节约成本的目的

目前,美军航天装备试验与鉴定采用研制与作战一体化试验的策略,每开展一次试验可达到多个试验目标,节约了大量经费、时间、资源等成本。

以往的航天装备研制试验与鉴定由采办体系内的军方项目办主导开展,一般由承包商承担大部分试验责任;航天装备作战试验与鉴定则由独立于项目采办体系的作战试验鉴定机构独立开展。而当前的研制与作战一体化试验策略意味着研制试验与鉴定、作战试验与鉴定两个责任方的统一试验目标、统一试验计划和共享试验数据,大幅削减了重复性的试验,节约了成本。

11.4.6 充分利用军地双方的试验资源,提高航天装备试验质量效益

美军航天装备试验资源涵盖试验设备设施能力和组织保障能力两个方面,包括军方、政府和工业部门的各类实验室、试验场、发射场等。经过多年的试验设施建设和试验人才培养,美军构建了相对完备的航天装备试验资源体系,并基本具备独立开展航天装备试验的能力。航天装备采办项目针对试验与鉴定活动建立试验资源计划(test resources plan,TRP),在 TRP 中对采办项目全寿命周期试验鉴定中所需的试验资源进行规划,并落实于 TEMP 中,其主要内容包括:识别所需的试验

件数量和要求,识别现有资源能力与试验需求的差距,对现有试验资源的利用进行计划并提出新的试验资源建设(如试验设施建设、试验人员培训),识别试验保障条件等。

美军通常采用国防部现有的试验场、设施和其他资源,包括采用内部仪器设备。首先考虑采用空军的试验资源,其次考虑采用其他主要试验场和试验设施基地(MRTFB),再次考虑采用其他军兵种和非国防部的政府试验设施,最后才会考虑采用承包商试验设施。综合采用承包商和政府军队试验资源具有更好的经济性。同时,由于成本和进度限制,美军倾向于在采办早期阶段大量采用低成本的建模仿真资源开展航天装备试验与鉴定。

习 题

1. 航天装备的基本概念是什么？它主要包括哪些类型？
2. 航天装备试验的基本概念是什么？它的主要作用体现在哪些方面？
3. 如何理解装备试验与鉴定之间的关系？
4. 航天装备试验的基本要素包括哪些？
5. 航天装备试验组织实施的基本要求包括哪些方面？
6. 航天装备试验总体筹划工作包括哪些内容？
7. 航天装备试验任务准备工作包括哪些内容？
8. 航天装备试验指挥系统的基本任务是什么？
9. 航天测量控制系统的基本任务是什么？
10. 航天光学测量设备的工作用途是什么？
11. 航天装备试验保障系统业务内容包括哪些方面？
12. 航天装备试验通信系统的主要任务是什么？
13. 航天装备试验计量保障的基本概念是什么？
14. 航天装备试验任务中时间统一系统具有哪些功能？
15. 航天装备试验指挥系统由哪些基本要素构成？分别简述各要素的作用。
16. 航天装备试验设计主要包括哪些内容？
17. 航天装备地面试验主要包括哪三个方面内容？
18. 航天器在轨试验的基本条件包括哪些方面？
19. 航天装备仿真试验模式主要分为哪三种？分别简述它们的含义。
20. 航天装备仿真试验工作流程包括哪些步骤？
21. 航天装备试验评估的基本程序包括哪些步骤？
22. 美军航天装备一体化试验工作包括哪些过程？

参 考 文 献

[1] 叶礼邦,李超,付海波,等. 试验环境需求分析与验证方法[J]. 指挥控制与仿真,2014,36
   (1):111-113.

[2] 魏生道. 结构静力试验技术[M]. 北京:中国宇航出版社,2009.

[3] AFI 99-103 Capabilities Based Test and Evaluation[Z]. HQ USAF/TEP. 2013-10-16.

[4] Space Operational Test and Evaluation Model(Sotem)Handout[R]. AFOTEC. 2010-3-9.

[5] Air Force Test and Evaluation Guidebook[R]. HQ USAF/TE. 2004-12-8.

[6] AFI 99-103 Capabilities Based Test and Evaluation[Z]. HQ USAF/TEP. 2017-4-6.

[7] 于殿君,张艳清,邓科. 航天发射装置试验技术[M]. 北京:北京理工大学出版社,2015.

[8] 向树红. 航天器力学环境试验技术[M].北京:中国科学技术出版社,2008.

[9] 王华茂. 航天器综合测试技术[M]. 北京:北京理工大学出版社,2018.

[10] 闫金栋,王华茂,李大明. 基于系统工程的航天器专业化测试模式探索与实践[J]. 航天器
    工程,2017,26(5):99-108.

[11] 富小薇,王华茂. 航天器系统级测试现状分析[J]. 航天器工程,2017,26(1):120-126.

[12] 杜栋,庞庆华,昊炎. 现代综合评价方法与案例精选[M]. 2 版.北京:清华大学出版,2008.

[13] 毛少杰. C⁴ISR 系统仿真试验技术[M]. 北京:军事科学出版社,2011.

[14] 宋征宇. 运载火箭地面测试与发射控制技术[M]. 北京:国防工业出版社,2016.

[15] 董志明,高昂,郭齐胜,等. 基于 LVC 的体系试验方法研究[J]. 系统仿真技术,2019,15
    (3):171-174.

[16] 周思卓,刘宝平,彭洪江,等. 美军航天装备试验鉴定体系发展现状研究[J].装备学院学
    报, 2016,27(6):65-68.

[17] 王华茂,闫金栋. 航天器电性能测试技术[M]. 北京:国防工业出版社,2017.

[18] 谭维炽,胡金刚. 航天器系统工程[M]. 北京:中国科学技术出版社,2009.

[19] 党亚民,成书燕,薛树强. 大地坐标系统及其应用[M]. 北京:测绘出版社,2010.

[20] 曹裕华,冯书兴. 航天器军事应用建模与仿真[M].北京:国防工业出版社,2010.

[21] 詹·艾科夫. 航天器系统仿真[M].杨开忠,冀蓉,李勇,译. 北京:国防工业出版社,2017.

[22] 董志华,朱元昌,邱彦强,等. 武器装备联合试验环境构建关键技术[J]. 火力与指挥控制,
    2014,39(7):5-9.

[23] 邱静,刘冠军,张勇,等. 装备测试性试验与评价技术[M].北京:科学出版社,2017.

[24] 王凯,赵定海,闫耀东,等. 武器装备作战试验[M].北京:国防工业出版社,2012.

[25] 何洋,林屹立,周思卓. 美军航天装备作战试验鉴定策略研究及案例分析[J]. 航天器环境
    工程,2020, 37(4):408-413.

[26] 赵业福. 无线电跟踪测量系统[M]. 北京:国防工业出版社,2001.

[27] 翟宪立,周智力,卢康. 航天型号专用测试设备全生命周期计量管理的探索与实践[J].航
    天工业管理,2017(1):37-39.

[28] 庄国京. 航天产品可靠性增长方法与应用[M].北京:中国宇航出版社,2020.

[29] 闻新．航天器系统工程[M]．北京:科学出版社,2016.

[30] 许冬彦,沈自才．航天器环境试验标准体系研究[J]．南京航空航天大学学报,2019, 51 (S1):139-144.

[31] 封宝华,李西园．新型航天器环境试验标准基线与剪裁研究[J]．应用科技,2017,44(5): 56-60.

[32] 朱凤梧,陈钦楠,杨勇,等．关于航天器产品研制试验的思考[J]．航天器环境工程,2016, 33(5):18-26.

[33] 马文坡.航天光学遥感技术[M].北京:中国科学技术出版社,2010.

[34] 于志坚.航天测控系统工程[M].北京:国防工业出版社,2008.

[35] 刘星.军事装备试验计量技术与管理[M].北京:国防工业出版社,2005.

[36] 杨小强,彭川,刘宗凯.军事装备测试技术[M].北京:冶金工业出版社,2018.

[37] 宣兆龙.装备环境工程[M].2版.北京:北京航空航天大学出版社,2015.

[38] 杨晓宁,杨勇.航天器空间环境工程[M].2版.北京:北京理工大学出版社,2018.